设 计 师 手 稿 系 列

童装款式设计 700 例

刘 静 著

中国纺织出版社有限公司

内 容 提 要

本书按照儿童的年龄阶段和生理特征分为婴儿期童装、幼儿期童装、学龄前童装、学童期童装、少年期童装五个部分。童装款式丰富多样、信息量大,为儿童服装提供了款式设计图案参考。本书遵循童装设计的规律和方法,围绕时下流行的儿童服装的设计风格特点,应用流行的结构特点及流行趋势,呈现大量款式图案例,同时结合款式图绘制的美学原理款式构成,从实际应用出发,表现童装款式的设计理念与独特美感,诠释童装品类的流行趋势、形式美法则及款式构成等专业知识。

本书既可以作为服装专业院校师生的课程教材,也可以作为服装爱好者的自学用书。

图书在版编目(CIP)数据

童装款式设计 700 例 / 刘静著 . -- 北京:中国纺织出版社有限公司,2022.10

(设计师手稿系列)

ISBN 978-7-5180-9461-5

Ⅰ.①童… Ⅱ.①刘… Ⅲ.①童服—服装款式—款式设计 Ⅳ.①TS941.716

中国版本图书馆 CIP 数据核字(2022)第 053271 号

责任编辑:孙成成 责任校对:寇晨晨 责任印制:王艳丽

中国纺织出版社有限公司出版发行

地址:北京市朝阳区百子湾东里 A407 号楼 邮政编码:100124

销售电话:010 — 67004422 传真:010 — 87155801

http://www.c-textilep.com

中国纺织出版社天猫旗舰店

官方微博 http://weibo.com/2119887771

北京华联印刷有限公司印刷 各地新华书店经销

2022 年 10 月第 1 版第 1 次印刷

开本:889×1194 1/16 印张:10

字数:220 千字 定价:65.00 元

前言
PREFACE

　　儿童的思维方式、行为习惯、审美趣味、心理特征等均与成人是完全不同的，儿童服装设计需要设计者了解儿童的成长特点和心理需求，从款式、材料、色彩、细节等方面出发，适当吸收和借鉴成人服装的流行元素，为孩子成长的每一个阶段设计出适合的服装。

　　《童装款式设计700例》展示了700余款童装款式，为儿童服装款式设计提供了设计图库。书中所有款式图使用的绘图软件为Photoshop和Illustrator。该书以儿童的年龄阶段来分篇，分别是婴儿期童装（出生~12个月）、幼儿期童装（1~3岁）、学龄前童装（3~6岁）、学童期童装（6~13岁）、少年期童装（13~16岁）。考虑到每一个阶段的服装都有其独特的比例和实用性因素，使每个年龄阶段的童装基础品类也不尽相同，所以在本书的每个篇章下，笔者按照不同的年龄阶段分风格品类进行了款式的设计及款式图的展示。童装款式典型实用，接近市场流行趋势，符合生产实际，便于读者有序地学习和了解不同阶段的童装款式设计。

　　此书在童装款式的设计、编排中，特别感谢汪汇、杨晨、董晨欣、田桔子、周玉琛为本书提供的帮助。

刘静

2022年1月

目录
CONTENTS

CHAPTER 1

婴儿期童装（出生~12个月）

- 女童
- 男童

婴儿期童装，指出生~12个月的婴儿服装。婴儿的体型特点是头大身小，身高为50~80cm，头身比例约为4个头长。

婴儿出生后3~7个月，睡眠时间较多，易出汗、排泄多，属于静态期，服装功能主要是保护身体和调节体温，其款式具有简单、宽松、易穿脱的特点。婴儿12个月左右可以学会走路，服装款式仍以简洁、便于活动为主进行设计。连体衣和上、下装是婴儿的主要着装。总体来讲，婴儿服装的设计要注重服装的功能性、卫生性以及利于婴儿活动和发育成长的需要等因素。

这个时期的童装多选用面料柔软、轻薄、吸湿性好的纯棉织物，式样变化不多，多为上下相连的长方形，或是和尚服样式的上下分体装，结构要求简单合理，有适当的放松度，需要留好换尿布的位置。基于方便穿脱、安全舒适的要求，服装极少有机缝线、松紧等细节的设计，衣服平整以使婴儿娇嫩的肌肤得以保护。领口设计要求领口宽松，领围线偏低，领口处不要有细长的系绳，所有纽扣等装饰品应该安全牢固。T恤款式设计的特点是简洁合身、舒适美观，领型多见圆领、V领、一字领、方领、无领座翻领及小立领等，印染图案、贴花、刺绣、打揽绣等作为主要的装饰手法。

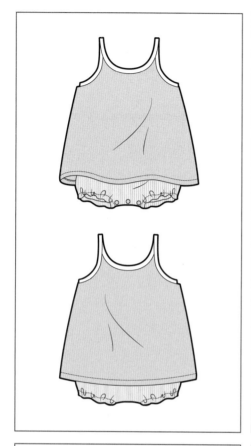

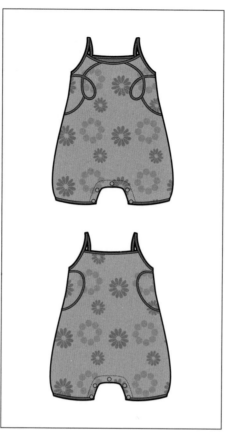

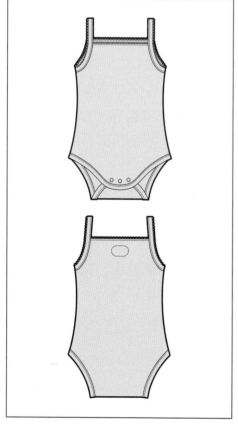

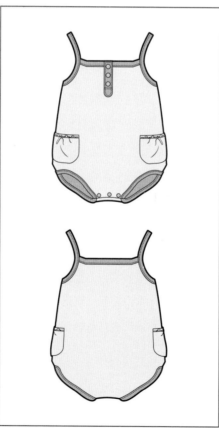

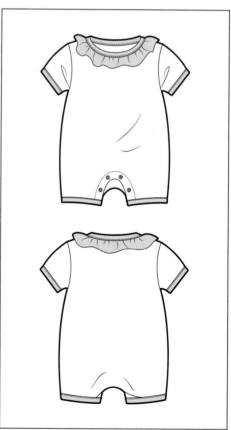

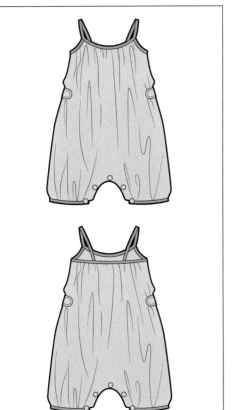

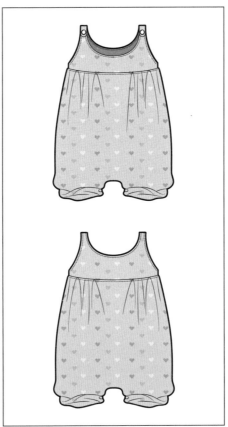

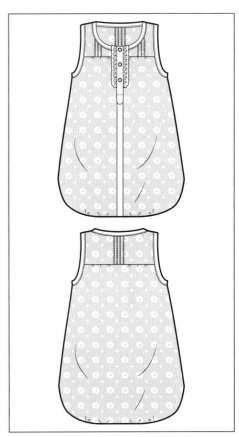

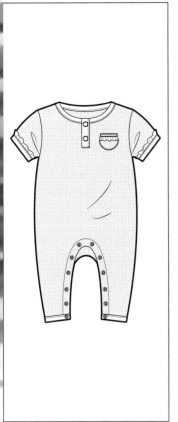

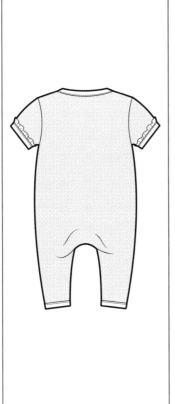

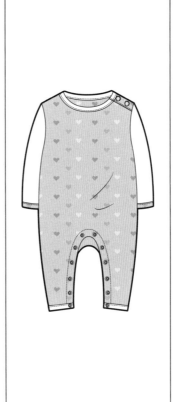

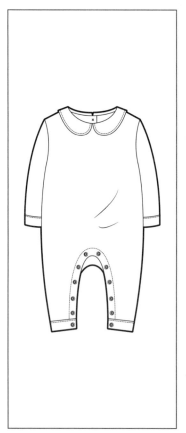

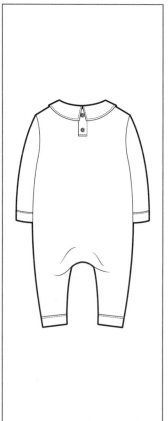

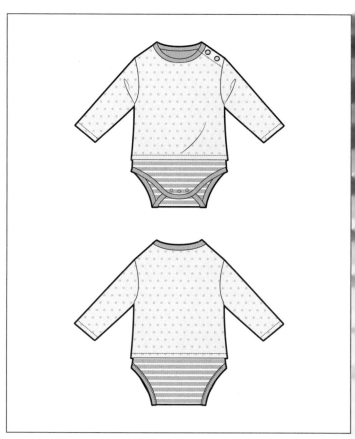

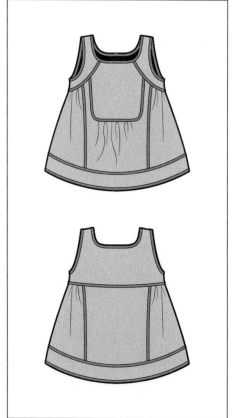

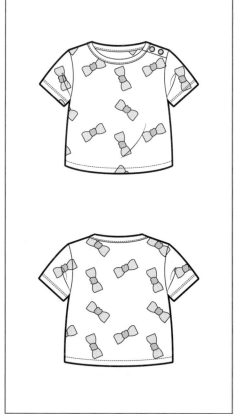

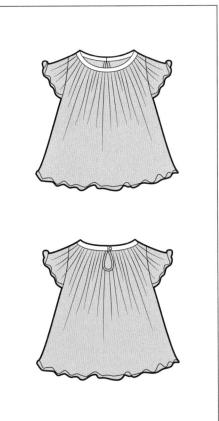

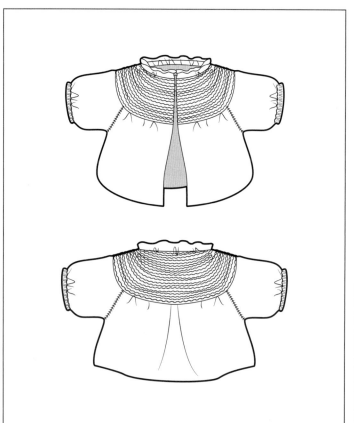

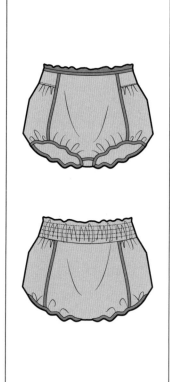

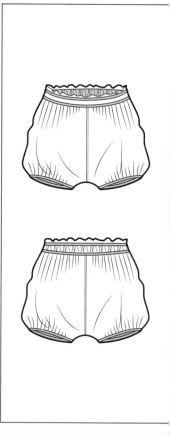

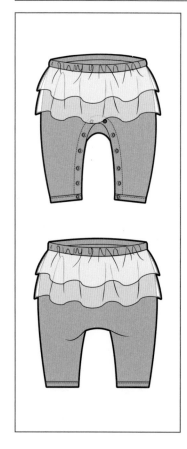

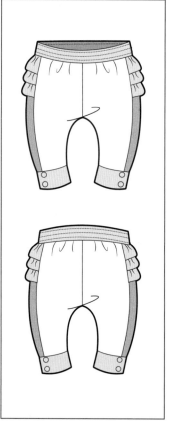

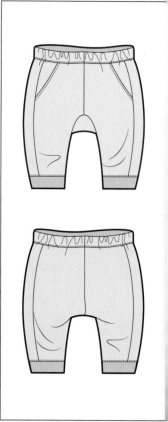

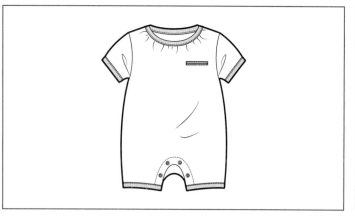

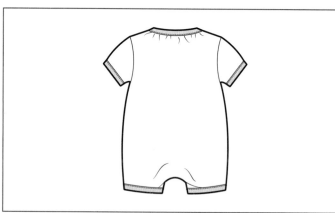

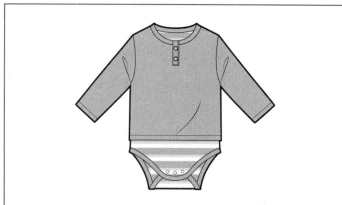

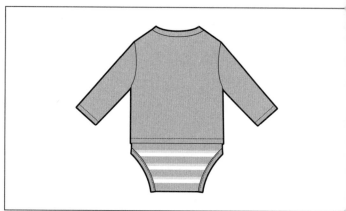

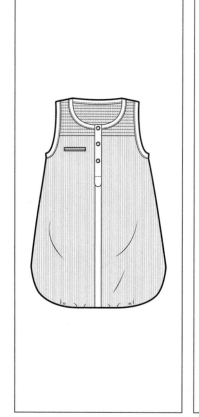

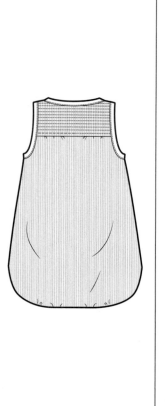

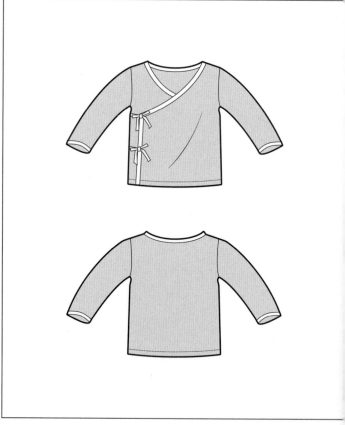

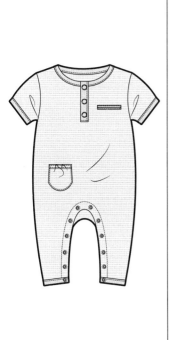
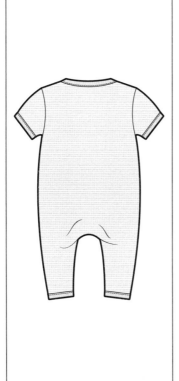
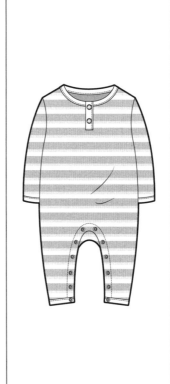
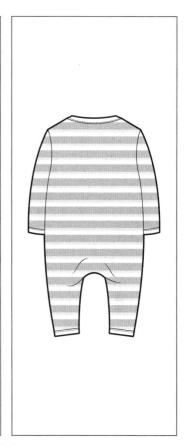
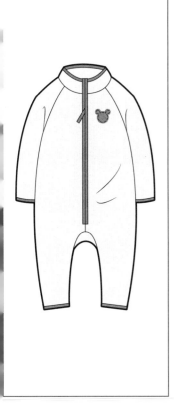
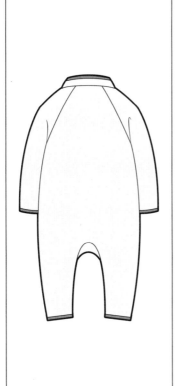
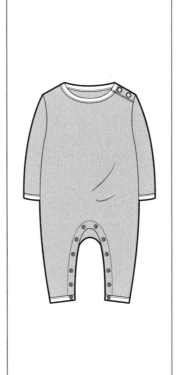
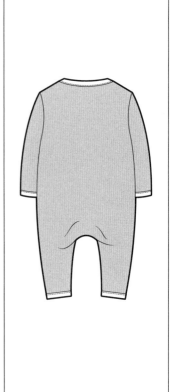

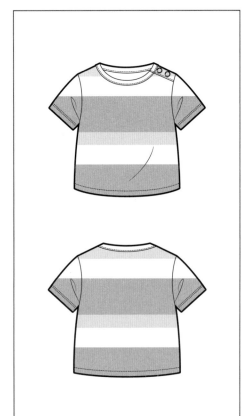

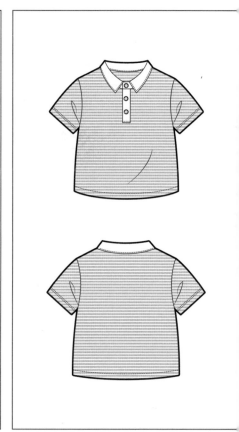

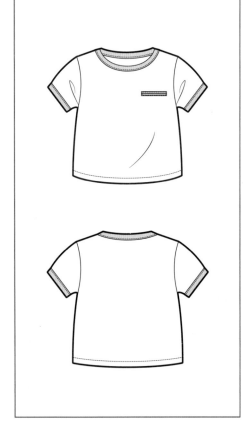

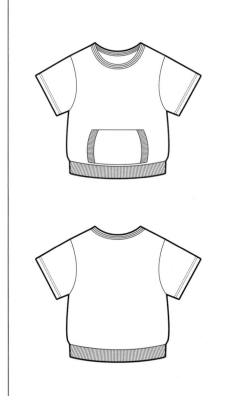

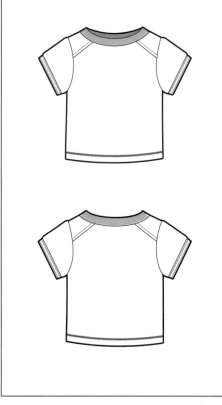

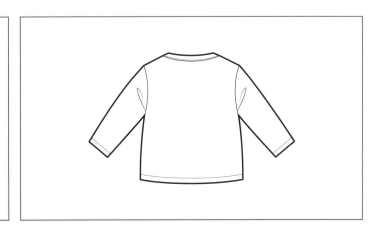

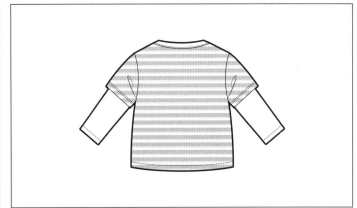

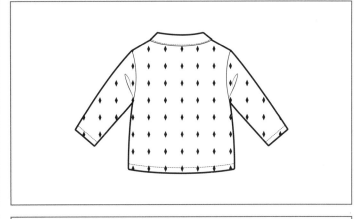

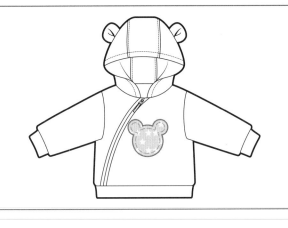

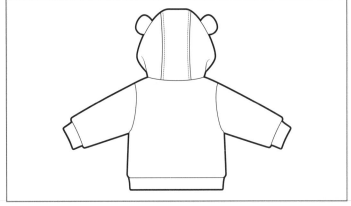

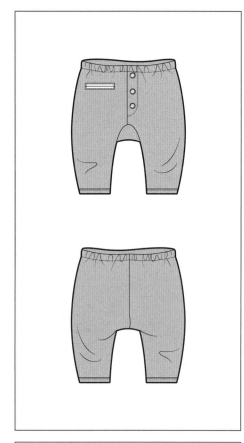

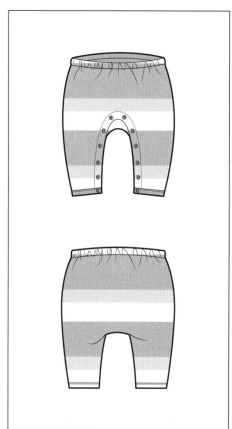

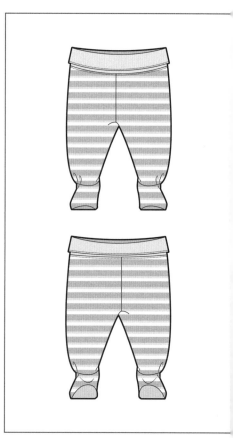

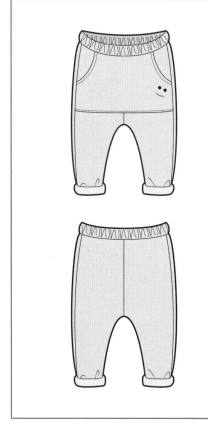

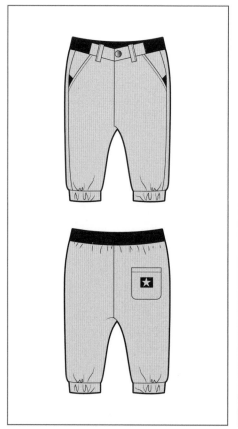

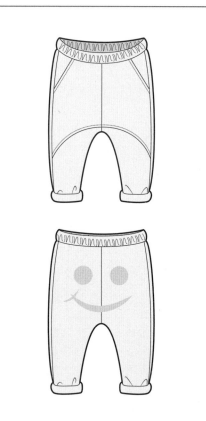

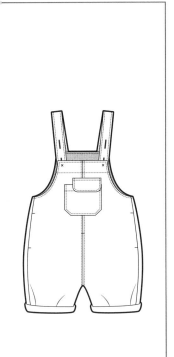
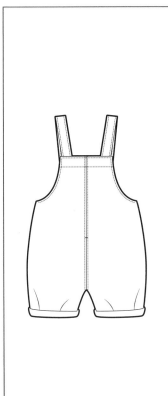
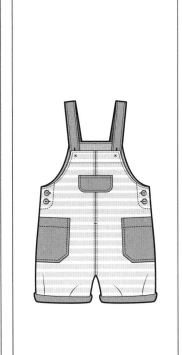
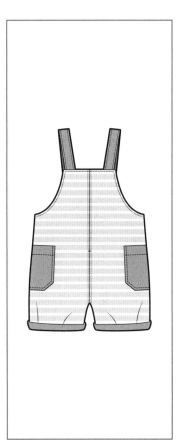

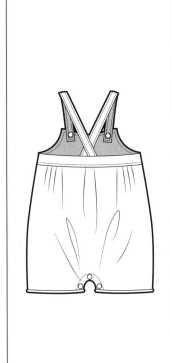
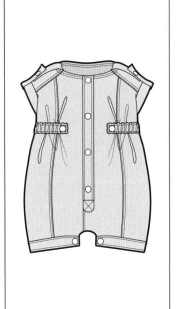
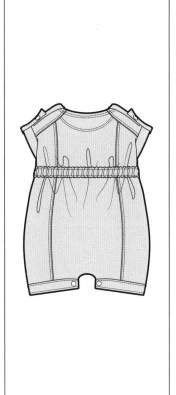

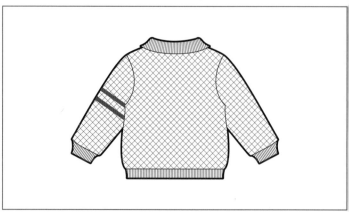

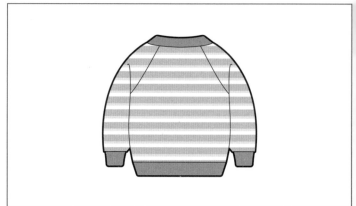

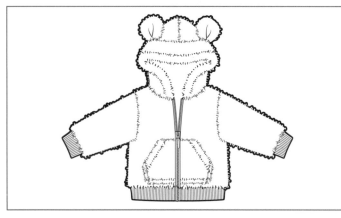
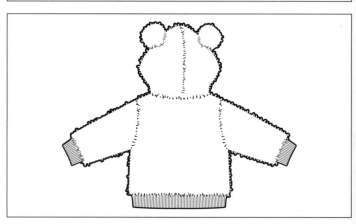

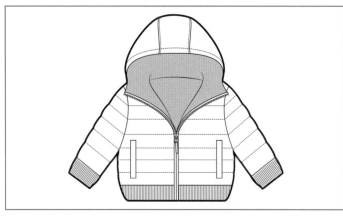
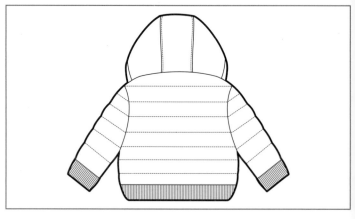

CHAPTER 2

幼儿期童装（1~3岁）

- 休闲风格/女童
- 休闲风格/男童
- 运动风格/女童
- 运动风格/男童
- 正装风格/女童
- 正装风格/男童

　　幼儿期童装，指1~3岁末段的儿童服装。该阶段儿童的体型特点是头大、颈短、肩窄、四肢短、挺腰、凸肚，身高为80~100cm，头身比例为4~4.5个头长。这一时期的童装款式要求灵巧、活泼、多样，服装结构不宜过分复杂，以穿着宽松舒适、穿脱活动方便为佳。

　　这一时期的童装多选用面料柔软、轻薄、吸湿性好的纯棉织物，式样变化不多，装饰变化丰富。上衣品类以T恤、背心、无领或翻领的上衣、罩衫、衬衫为主，款式简洁合身、舒适美观，领型多见圆领、V领、一字领、方领、无领座翻领、小立领等，印染图案、贴花、刺绣作为主要的装饰手法。裙装品类有半身裙、A型裙、背心裙、围裙等，便于幼儿活动，多内搭短裤、打底裤，装饰形式活泼可爱。外套品类有短款外套、中长款外套、风衣、棉服、羽绒服等。外套轮廓多以正方形、A字形为宜，可在肩部或前胸设计育克、褶、细裥、打揽绣等，为了使幼儿学习自己穿脱衣服，门襟开合的位置和尺寸需合理。按常规多数设计在正前方位置，并使用全开合的扣系方法。幼儿的颈短，领口设计不宜烦琐，领子应平坦而柔软。针织服装品类有毛针织套头衫、针织开衫、毛织背心等。裤装品类有连身裤、背带裤、松紧腰短裤、长裤等，幼儿裤装的设计仍然要预留纸尿裤的空间，以及在大腿内侧设计方便开合的暗扣，裤腰设计多为弹性的松紧带或尼龙搭扣，背带裤也很适合幼儿期的儿童穿着。

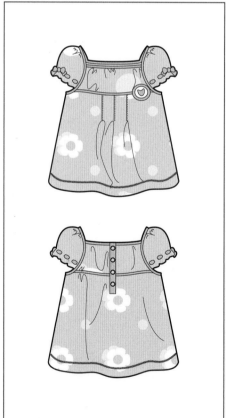

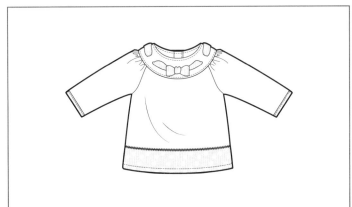

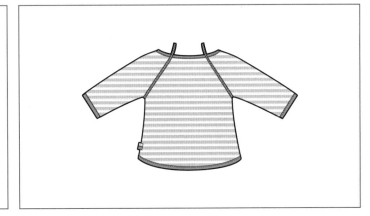

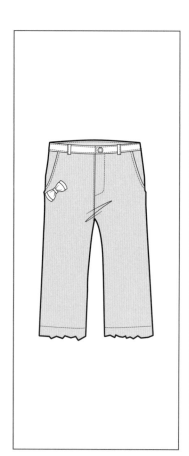
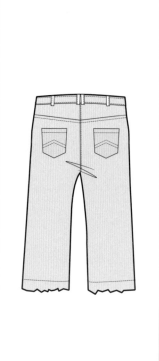
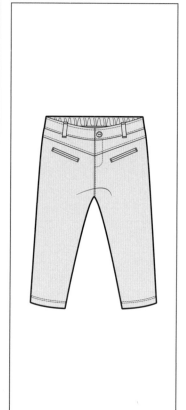
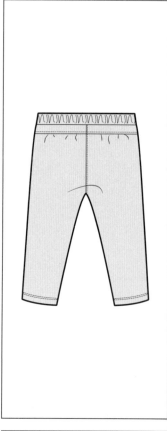
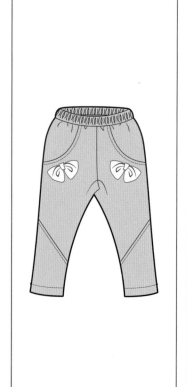
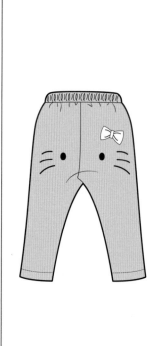

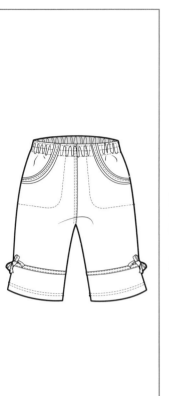

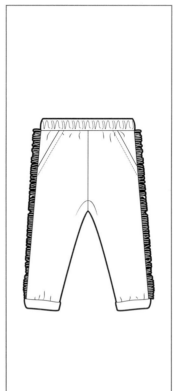
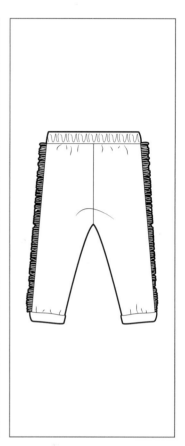

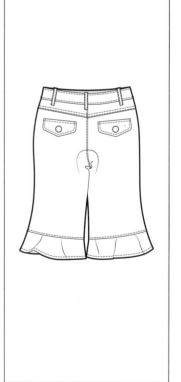

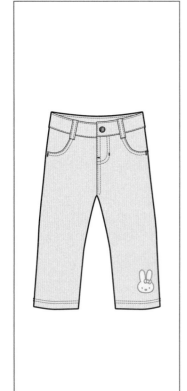
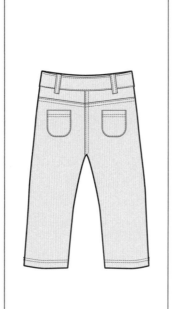

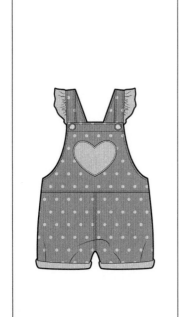

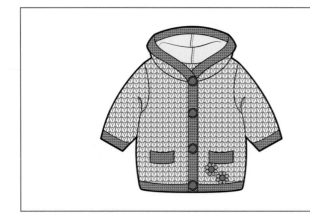

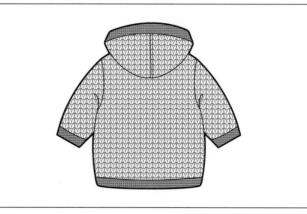

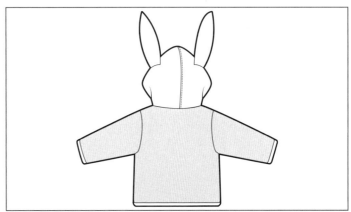
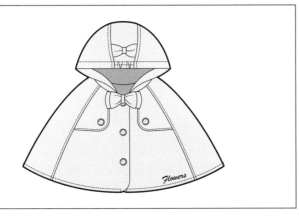
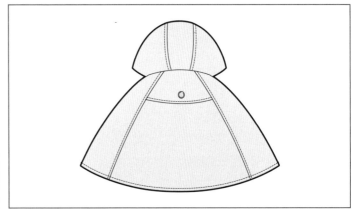

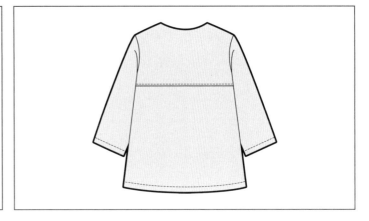

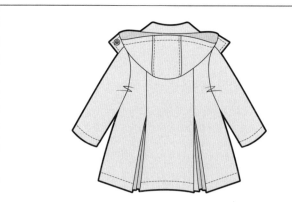

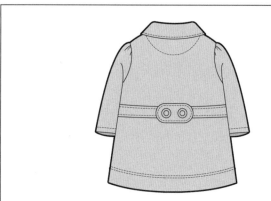

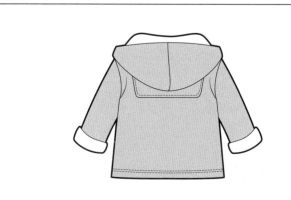

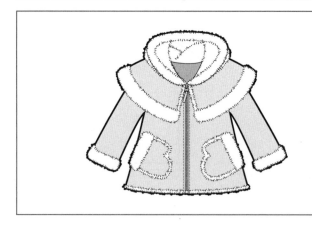

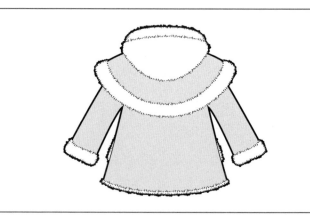

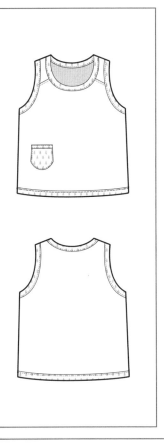

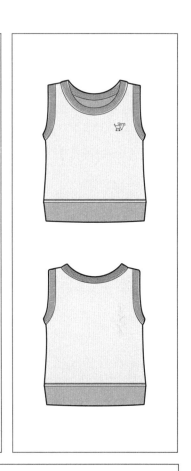

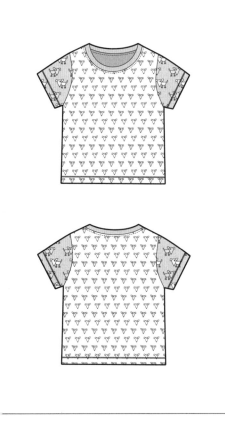

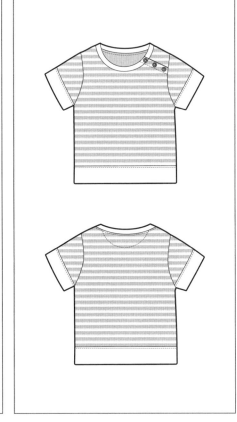

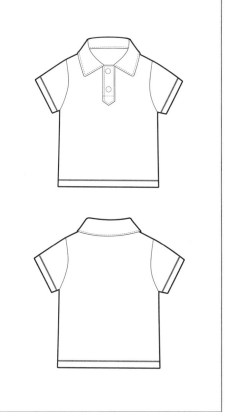

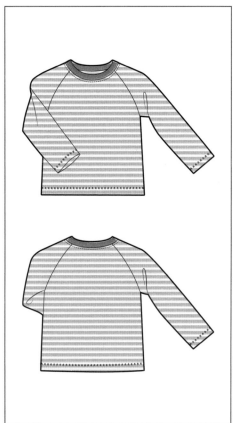

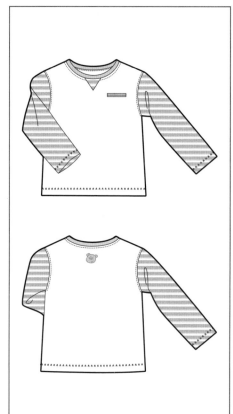

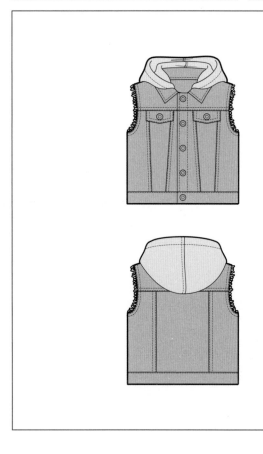

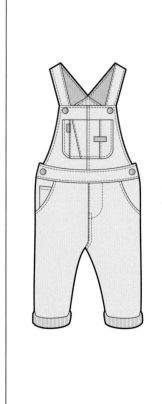

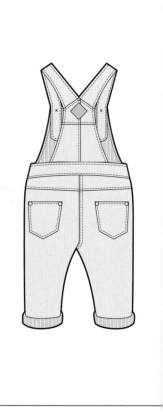

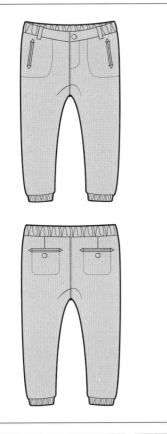
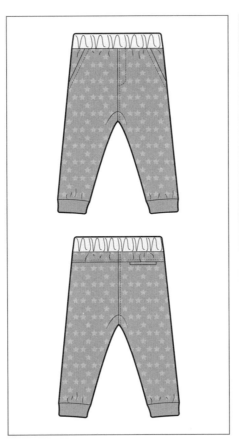
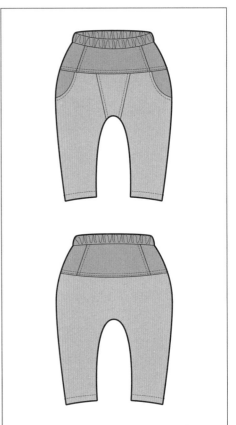

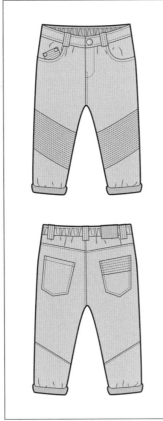
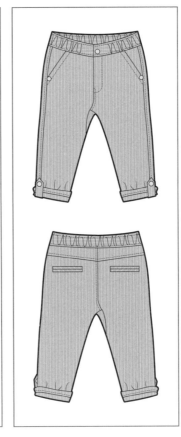
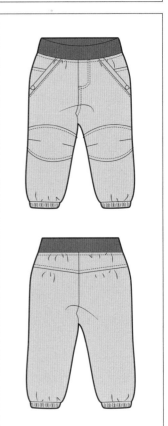

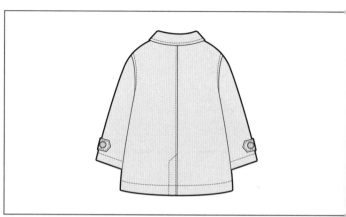

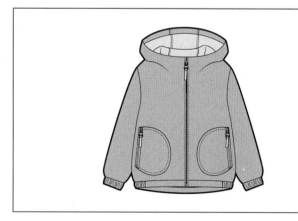

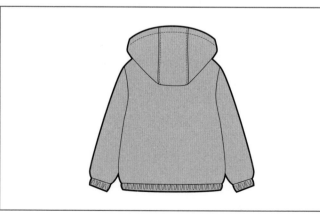

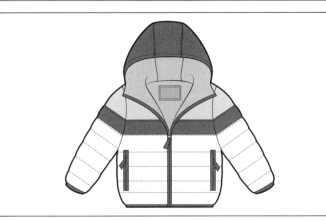

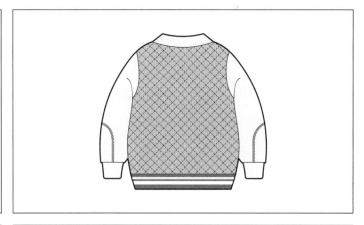

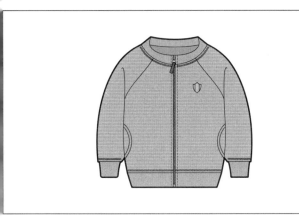

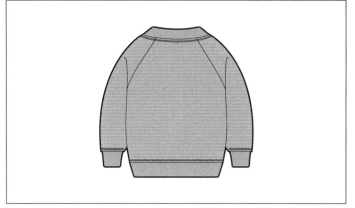

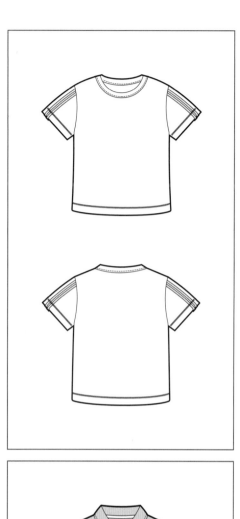

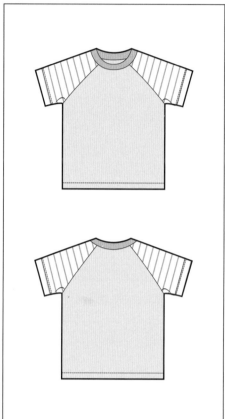

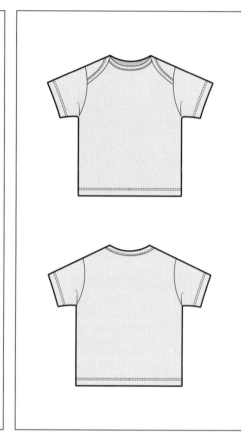

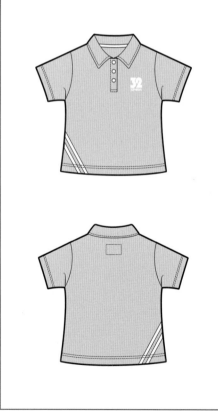

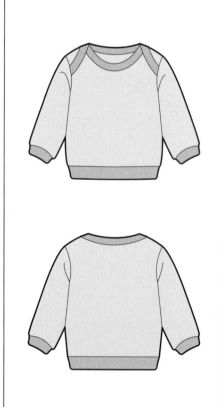

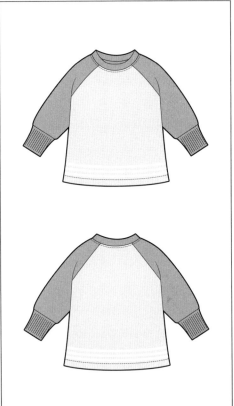

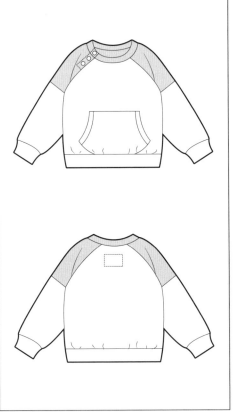

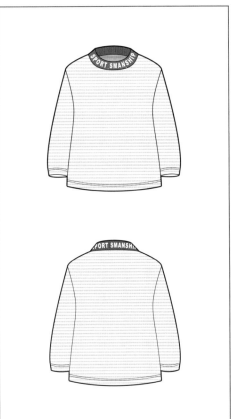

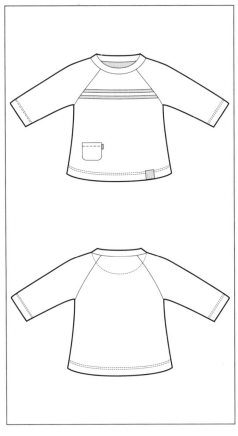

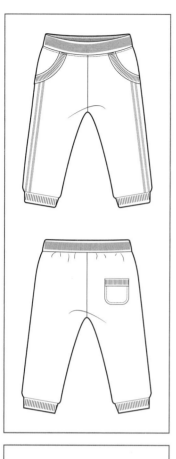
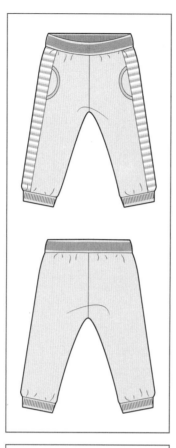

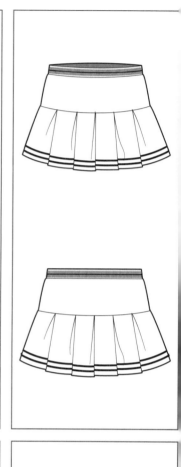
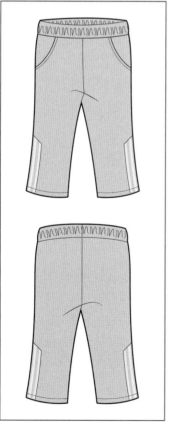
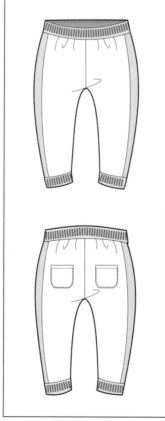
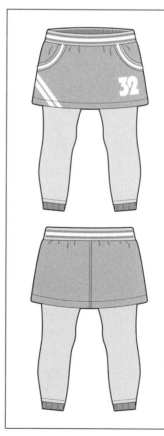
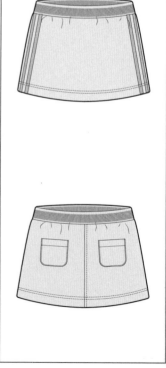

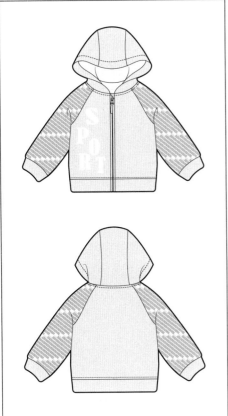

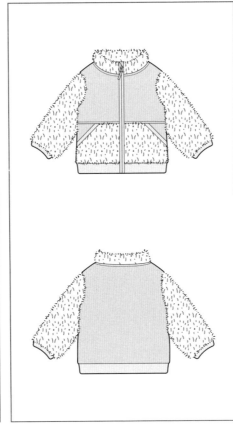

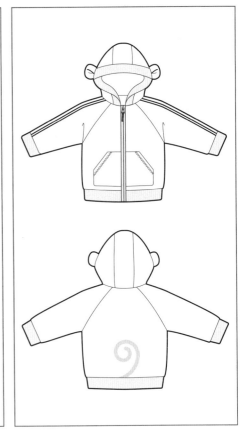

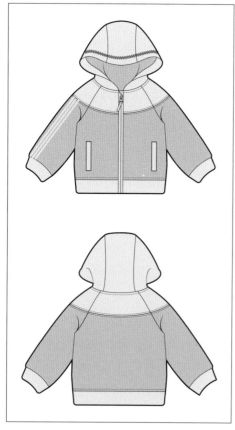

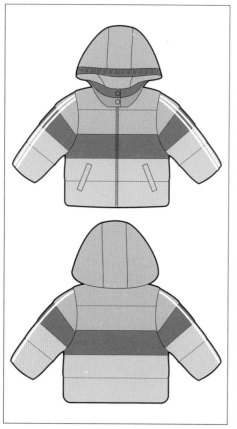

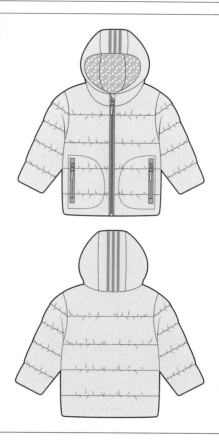

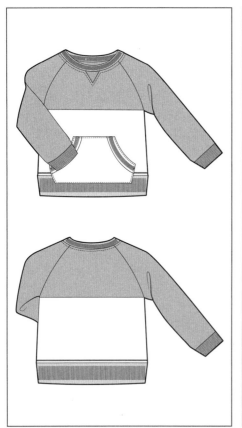

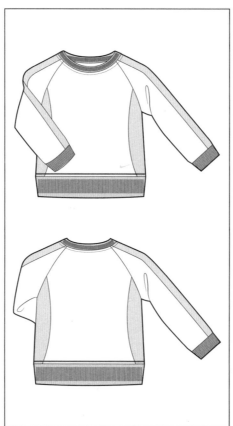

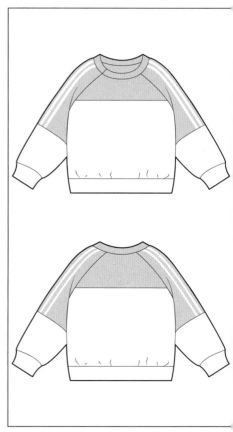

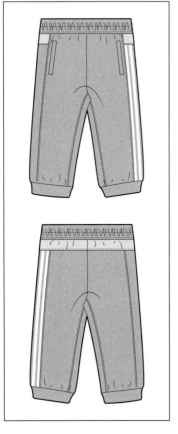

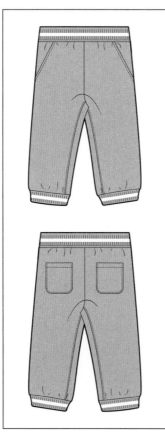

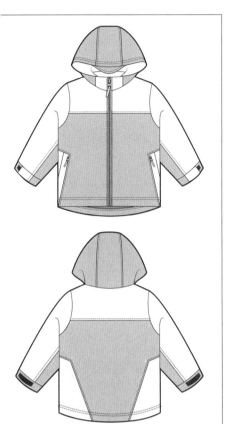

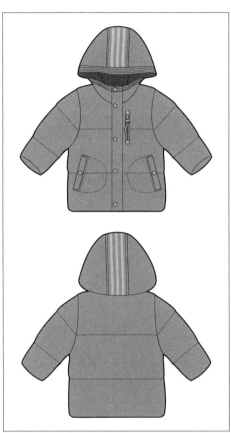

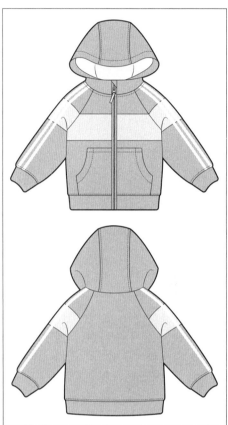

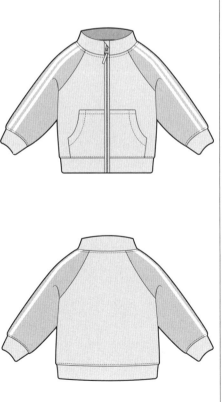

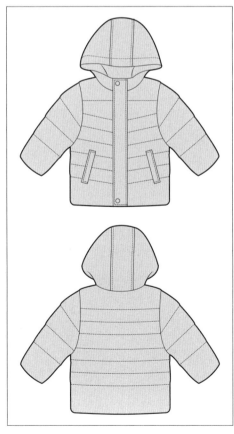

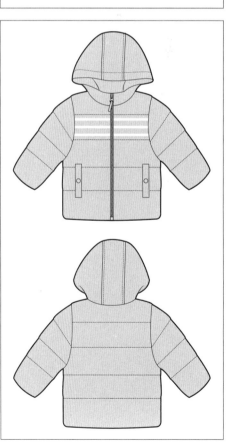

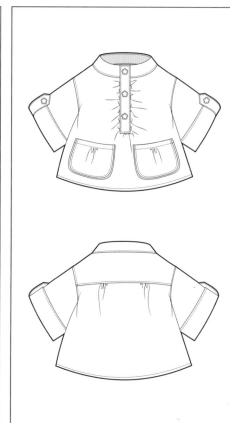

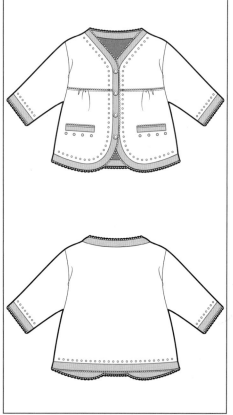

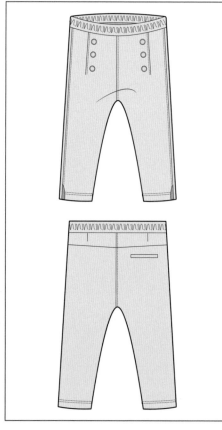

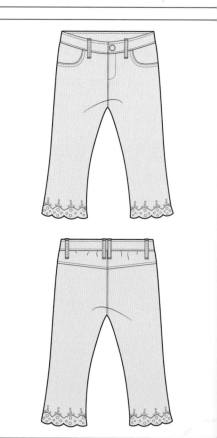

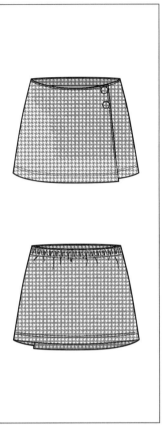

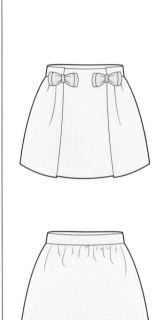

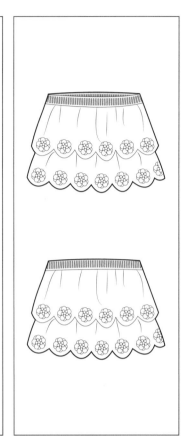

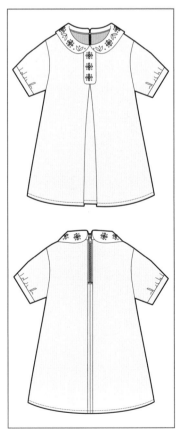

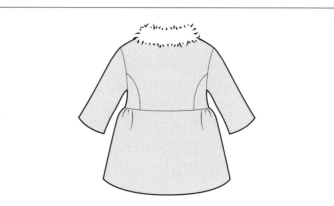

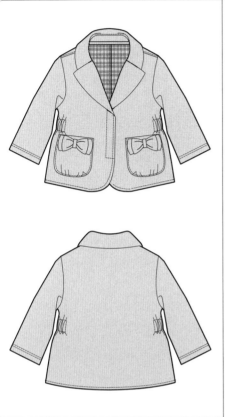

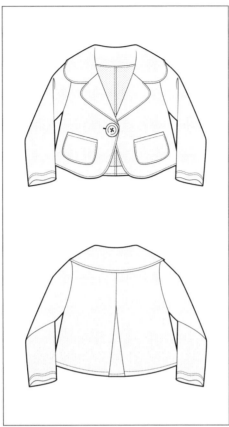

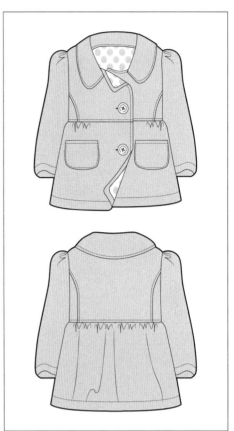

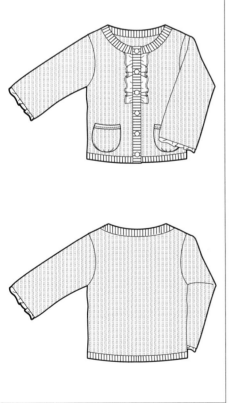

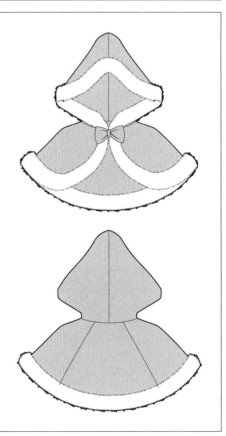

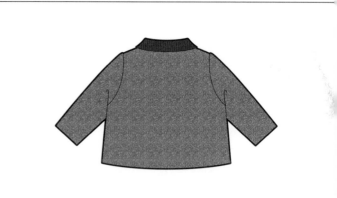

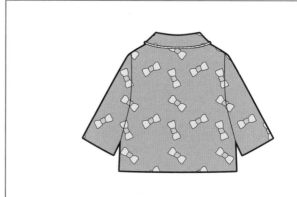

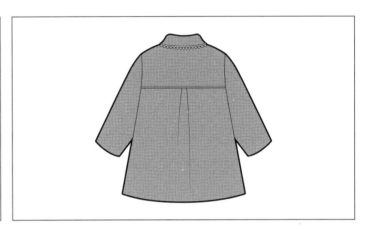

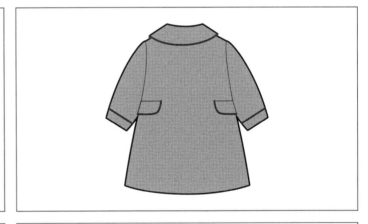

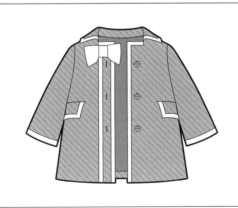

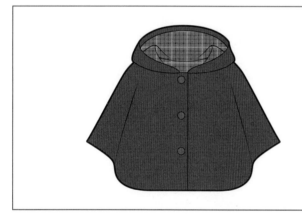

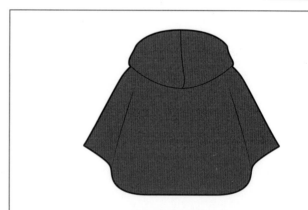

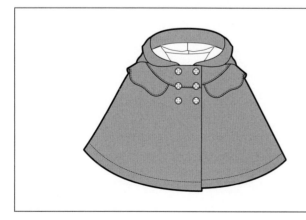

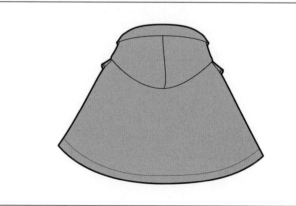

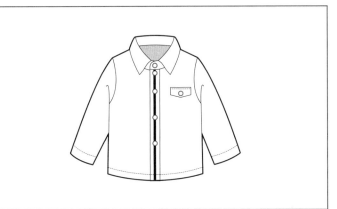

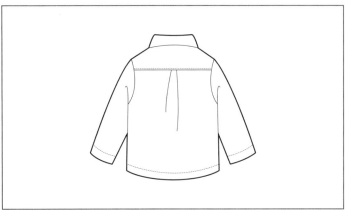

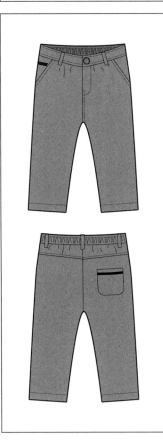

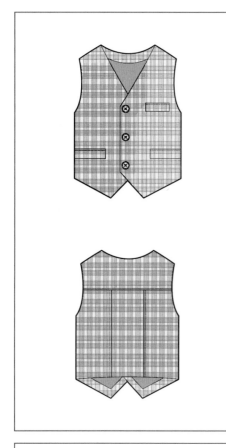

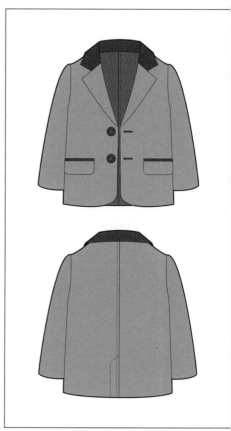

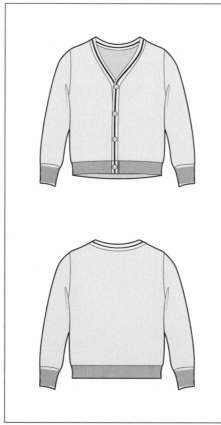

CHAPTER 3

学龄前童装（3~6岁）

- 休闲风格/女童
- 休闲风格/男童
- 运动风格/女童
- 运动风格/男童
- 正装风格/女童
- 正装风格/男童

    学龄前童装，指3~6岁阶段的儿童服装。该阶段的儿童6岁时身高可达到115cm，儿童头身比例为5~5.5个头长，体重、胸围增加较快。这一时期的儿童已经能够自如跑跳，自理能力逐渐增强，男孩与女孩在性格与爱好上已有差异，服装的款式造型变化最多，且最能体现各种童趣。

    这一时期的童装多选用面料柔软、轻薄、吸湿性好的纯棉织物，装饰变化丰富。上衣品类以T恤、背心、无领翻领上衣、罩衫、衬衫为主，款式简洁合身、舒适美观，领型多见圆领、V领、一字领、方领、无领座翻领及小立领等，主要装饰手法有印染图案、贴花、刺绣等。裙装品类有半身裙、A型裙、背心裙、围裙等，便于幼儿活动，多内搭短裤、打底裤，装饰形式活泼可爱。外套品类有短款外套、中长款外套、风衣、棉服、羽绒服等。外套轮廓多以正方形、A字形为宜，可在肩部或前胸设计育克、褶、细裥等，为了使幼儿学习自己穿脱衣服，门襟开合的位置和尺寸须合理。按常规，开合位置多设计在正前方位置，并使用全开合的扣系方法。幼儿的颈短，领口设计不宜烦琐，领子应平坦而柔软。学龄前儿童的外套款式设计与幼儿时期的服装在设计上基本相同。针织服装品类有毛针织套头衫、针织开衫、毛织背心等。裤装品类有连身裤、背带裤、松紧腰短裤、长裤等，裤腰设计为弹性的松紧带或尼龙搭扣，背带裤也很适合学龄前的儿童穿着。

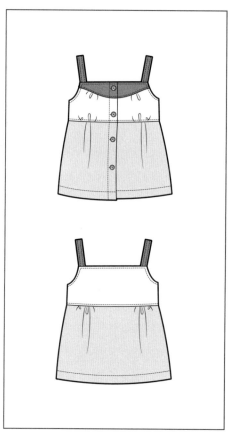

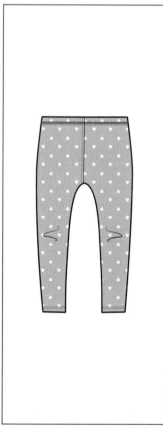

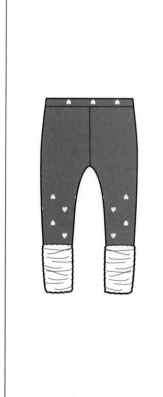

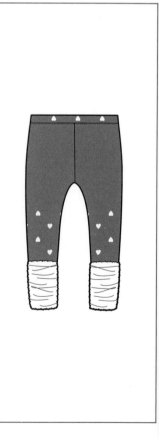

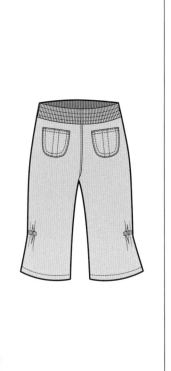
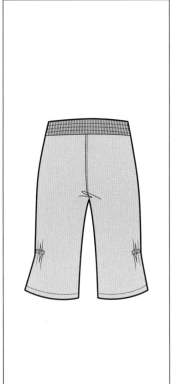
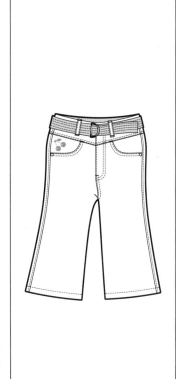
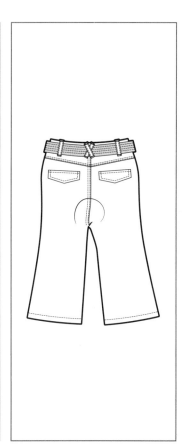

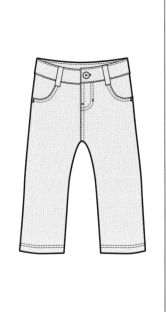
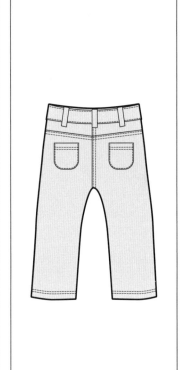
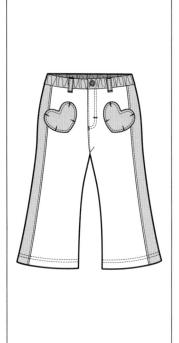
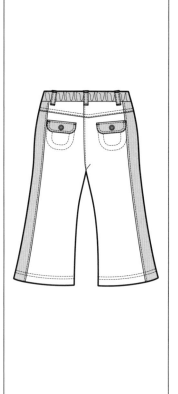

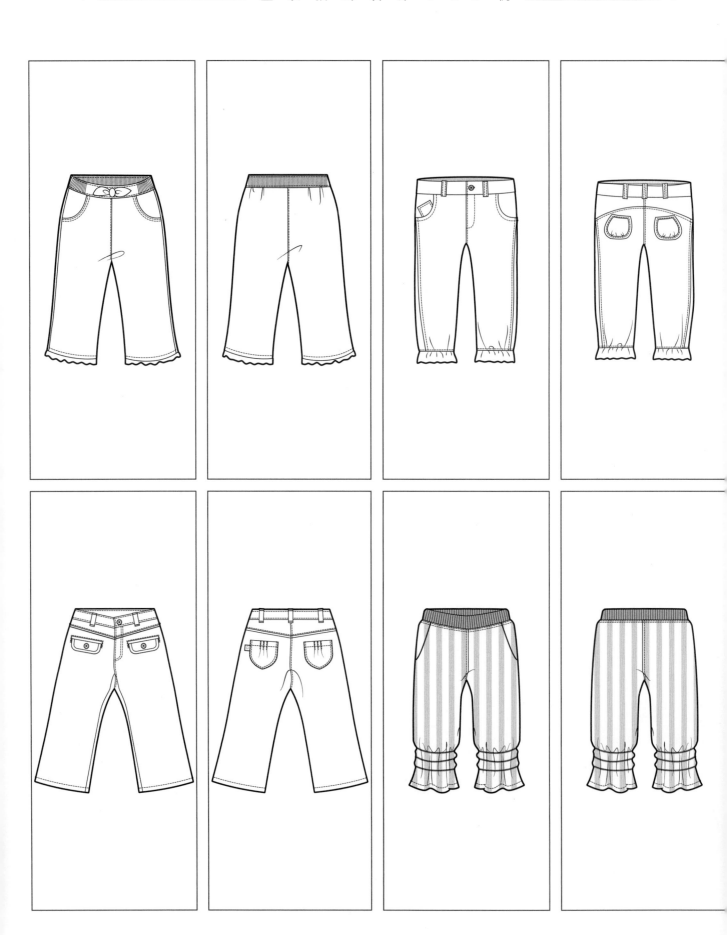

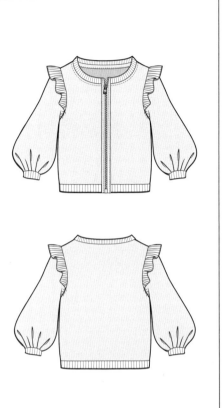

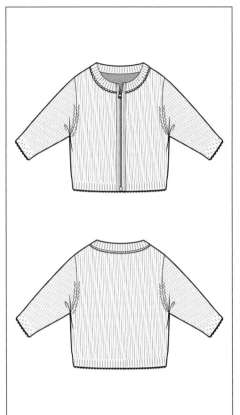

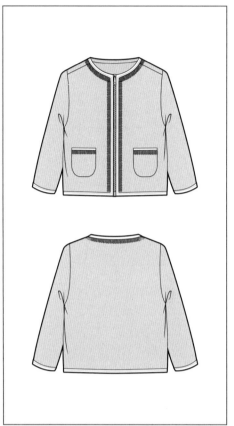

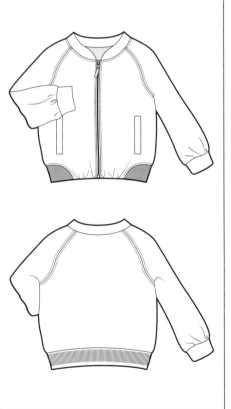

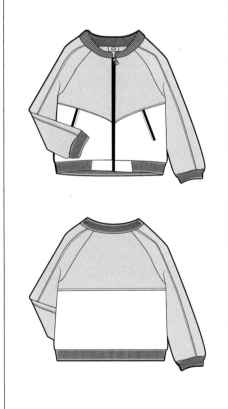

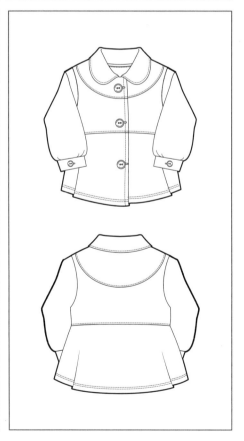

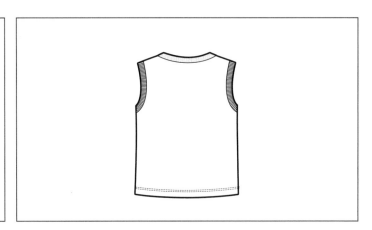

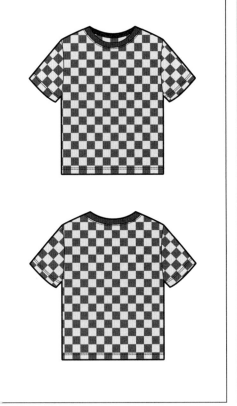
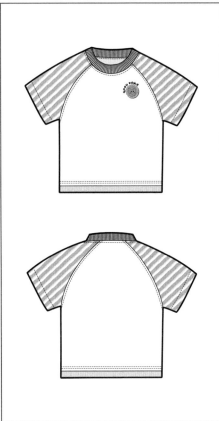

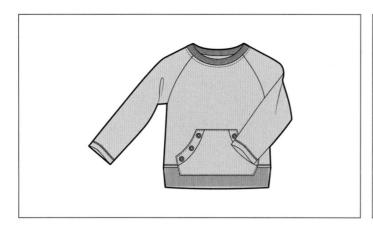

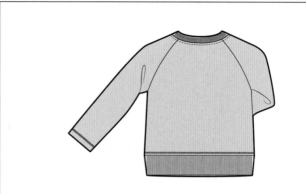

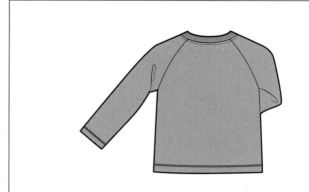

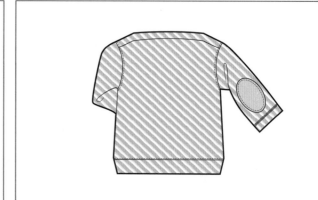

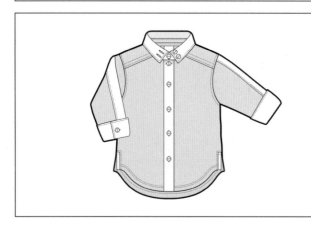

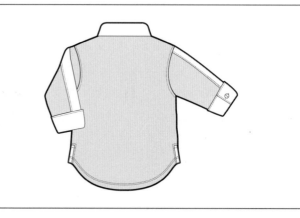

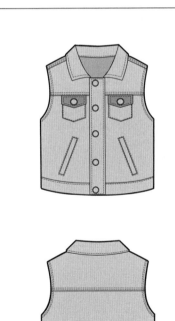
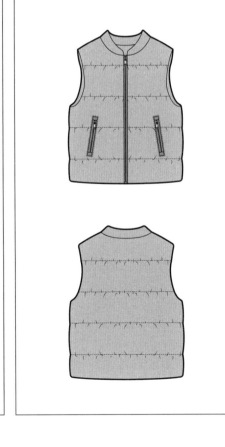
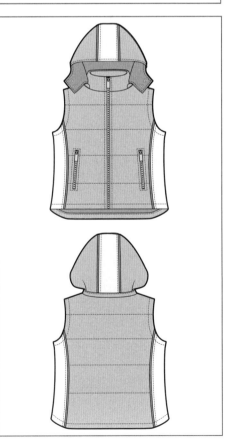

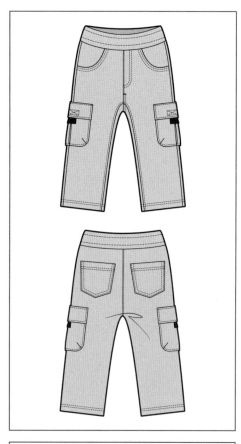

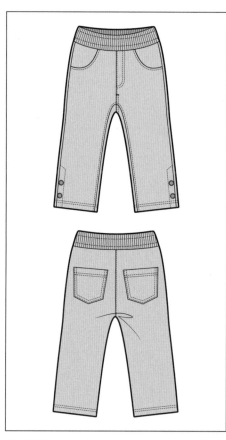

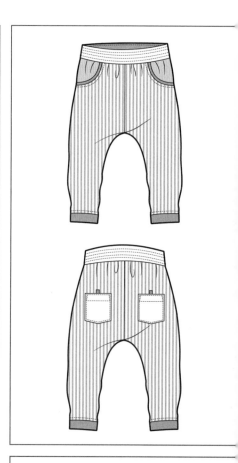

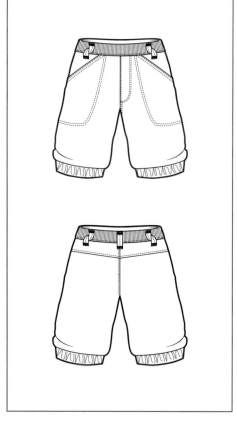

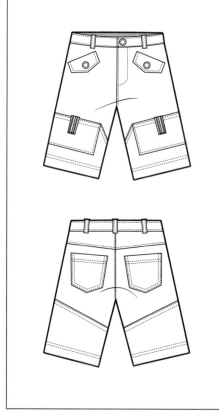

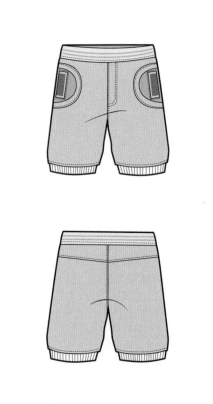

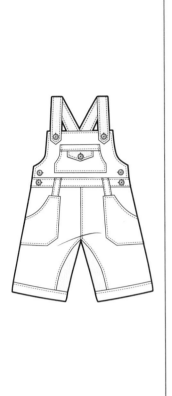

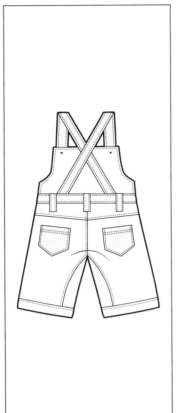

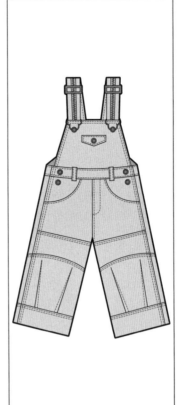

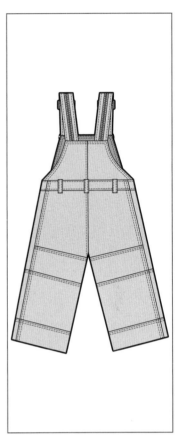

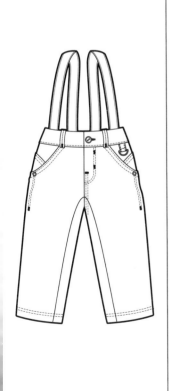

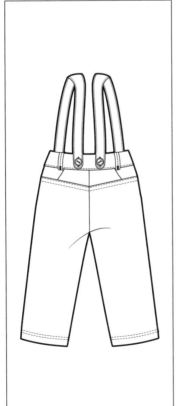

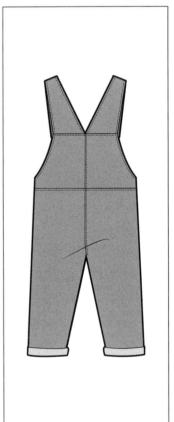

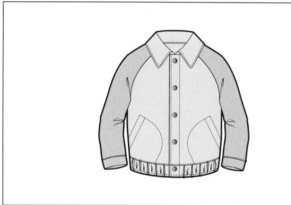

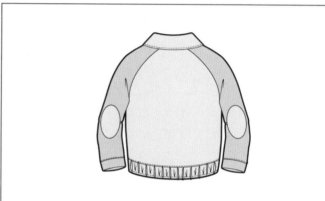

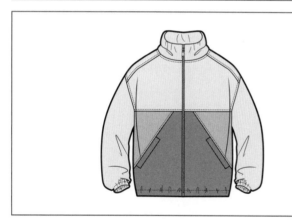

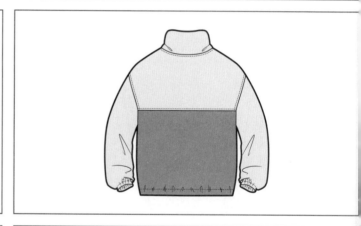

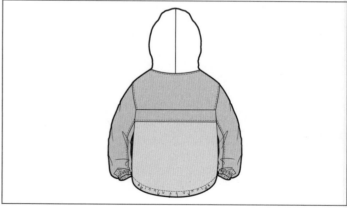

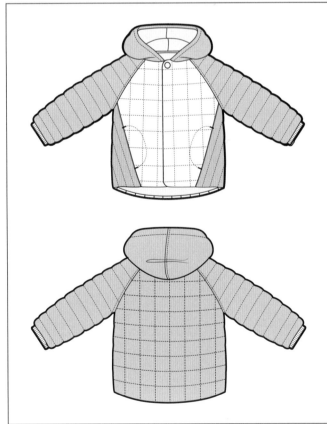

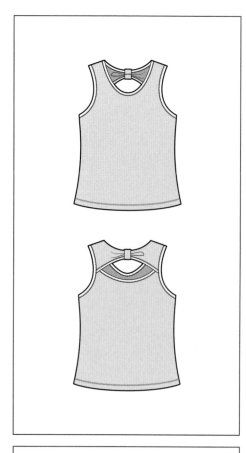

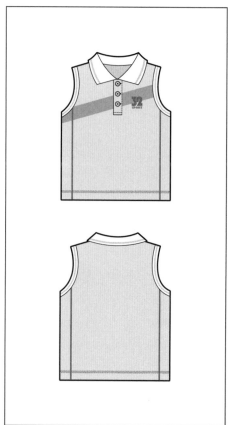

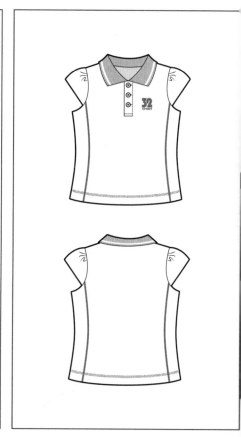

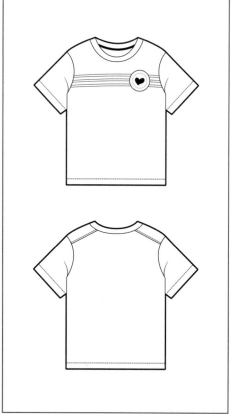

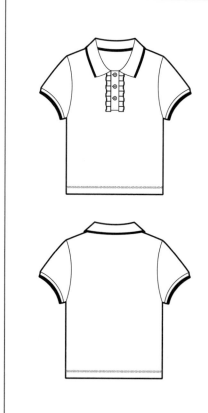

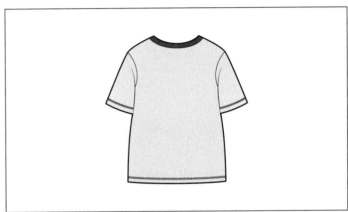

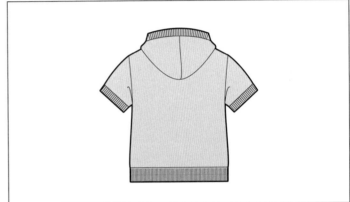

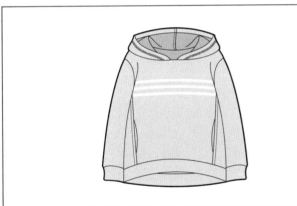

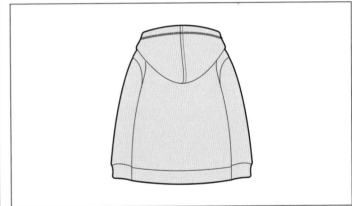

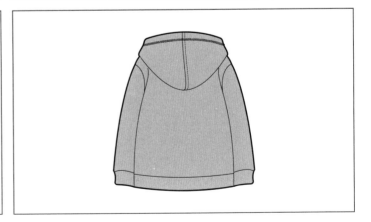

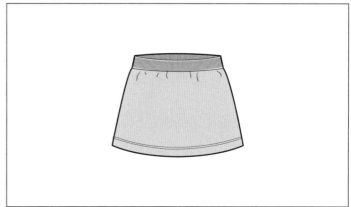

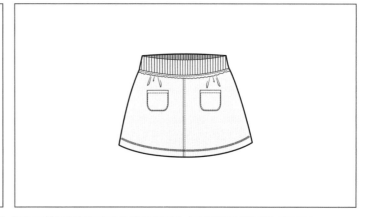

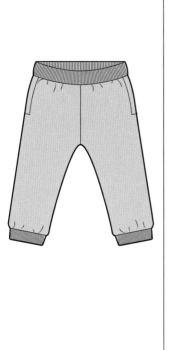

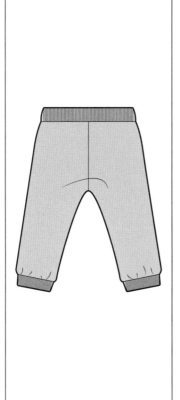

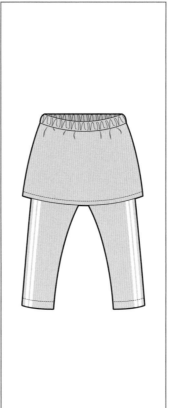

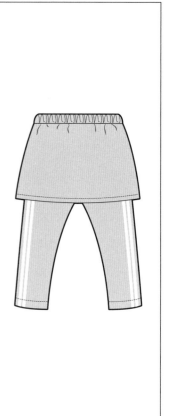

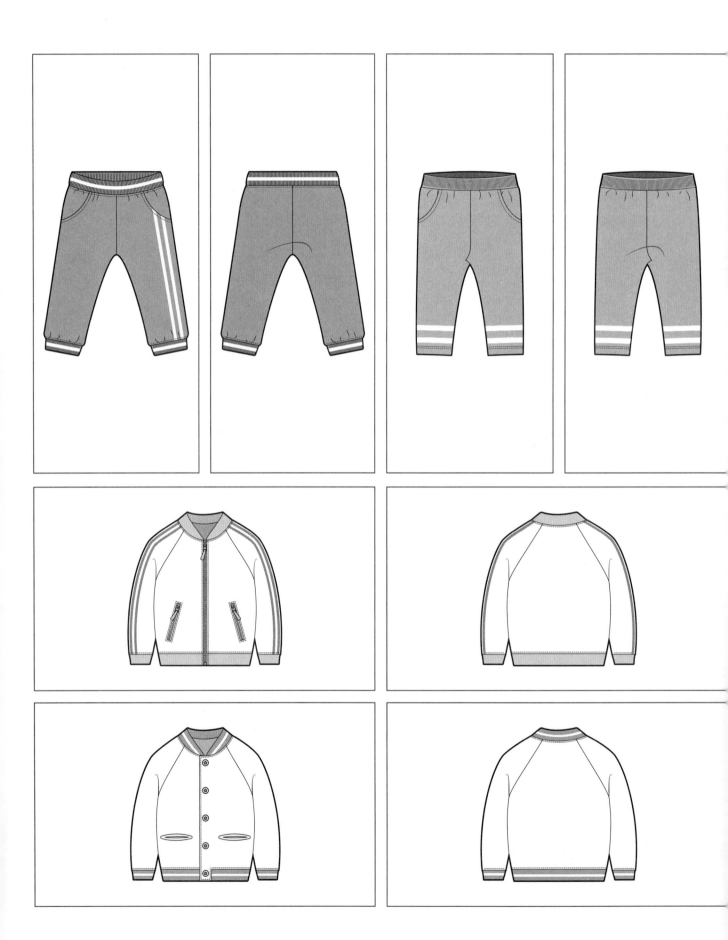

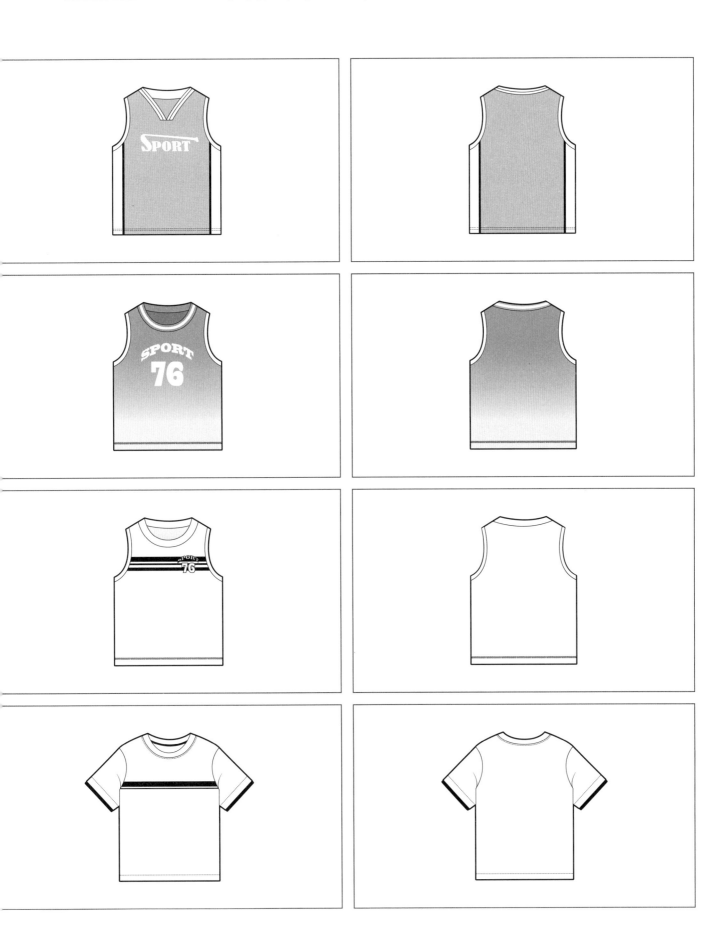

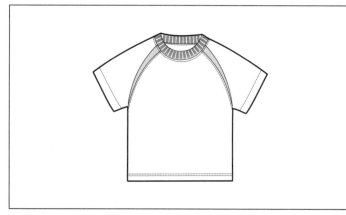

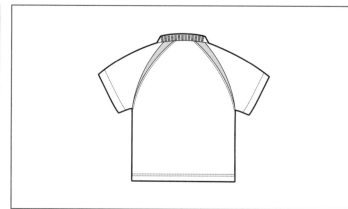

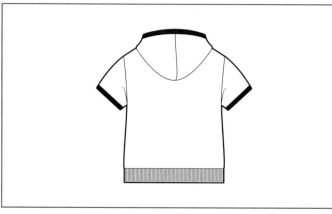

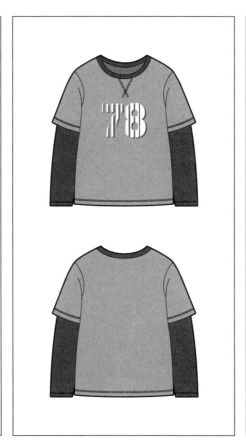

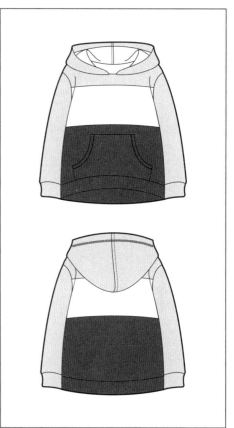

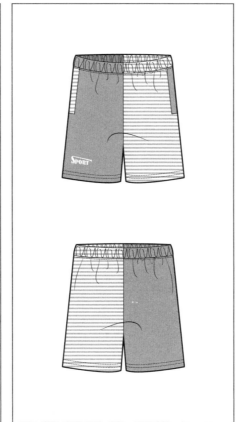

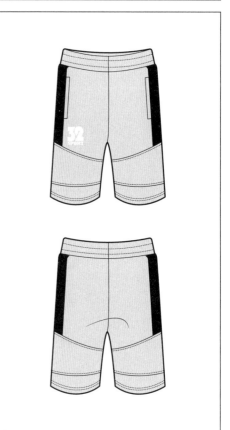

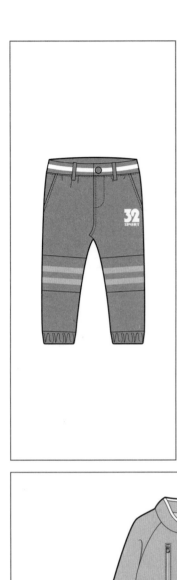
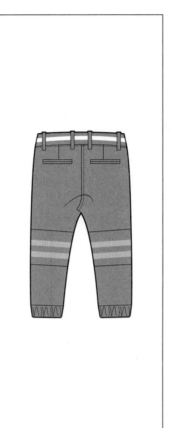

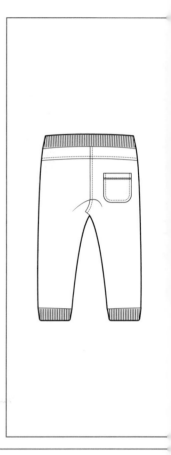

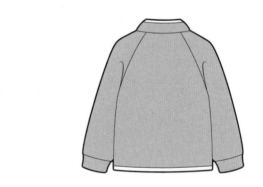
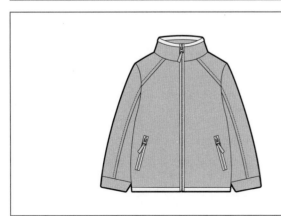
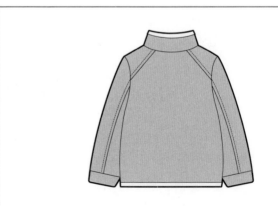

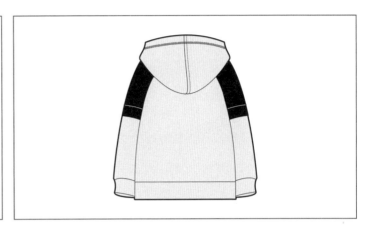

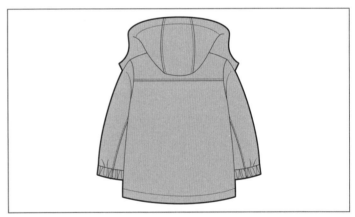

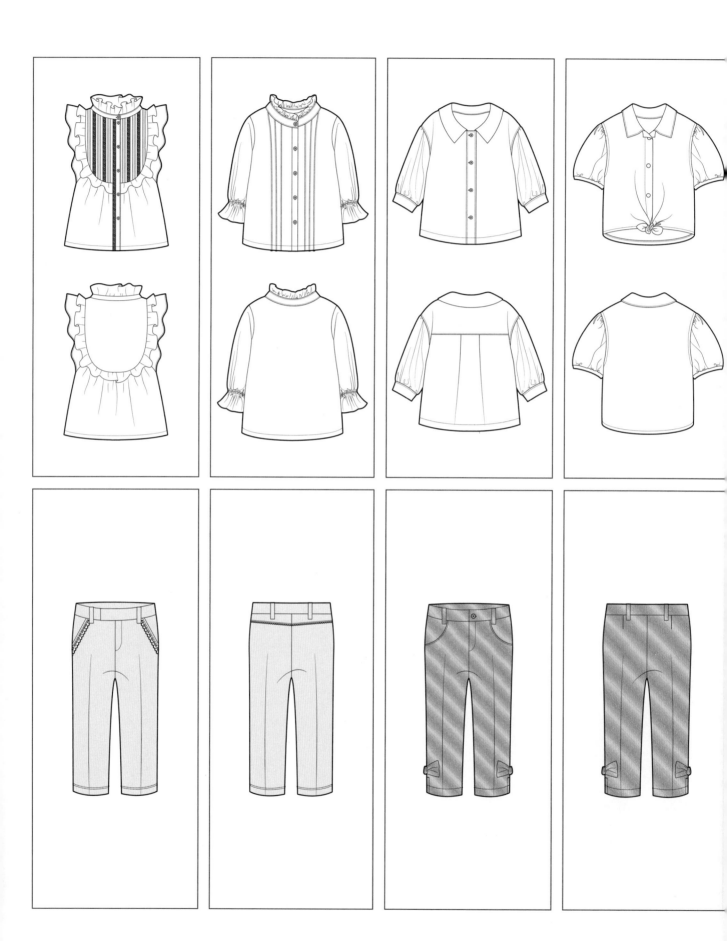

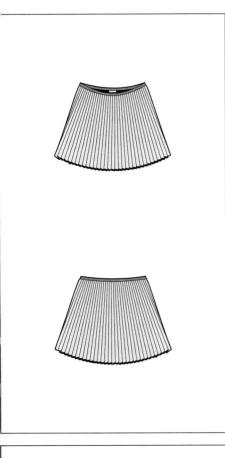

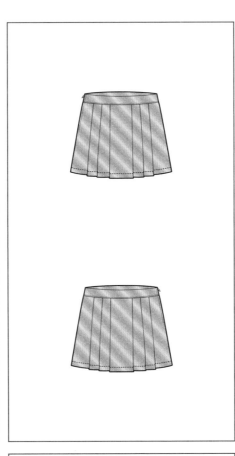

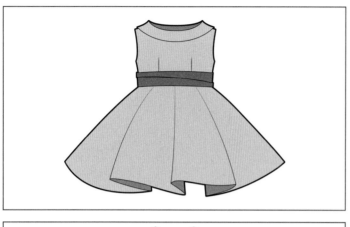

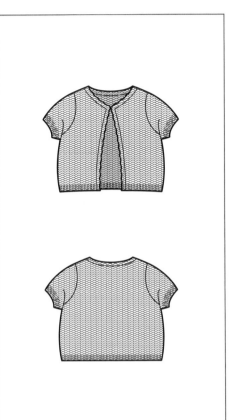

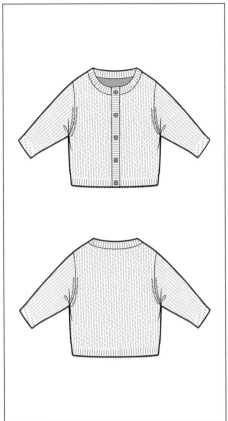

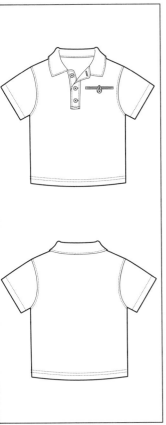

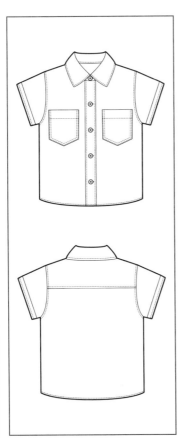

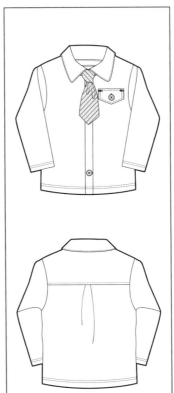

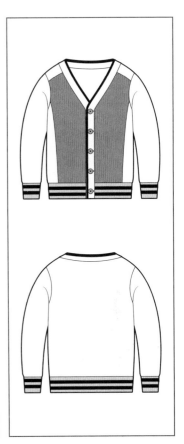

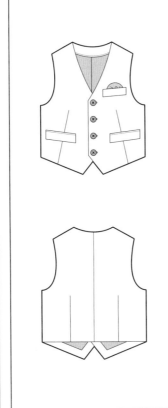

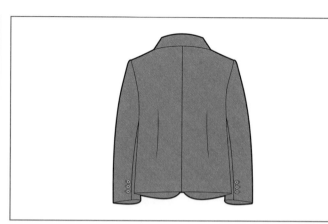

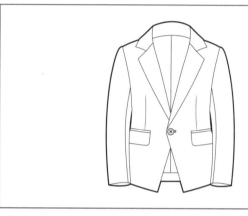

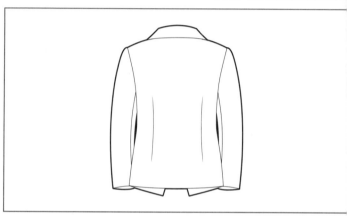

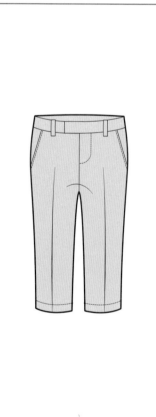

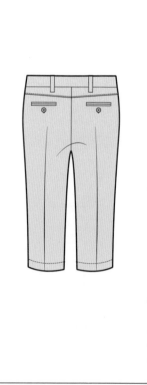

CHAPTER 4

学童期童装（6~13岁）

- 休闲风格/女童
- 休闲风格/男童
- 运动风格/女童
- 运动风格/男童
- 正装风格/女童
- 正装风格/男童

学童期童装，指6~13岁的儿童服装。在这个阶段，儿童的身体迅速成长，头身比例为5.5~6个头长，肩、腰、臀已逐渐变化。他们充满活力，思想上脱离了幼稚感，有一定的想象力和判断力，男女喜好差异明显。

学童期，女童的服装造型以X型、A型为主，可以体现稚气可爱的身姿，袖身多采用泡泡袖、灯笼袖，领子多采用荷叶边领等，款式上多见花边、蝴蝶结、飘带等繁多细小的装饰；男童的服装造型以简洁明了的H型为主，拉链、铜扣、搭襻是常见的配件，男童裤装带前门门襟拉链。裤装的款式主要以裤腰、裤脚、口袋与分割线的设计变化为主，装饰手法同外套。

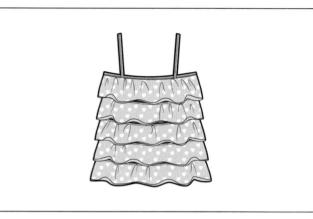

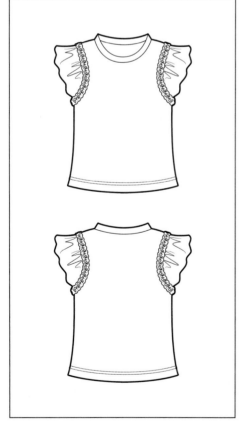

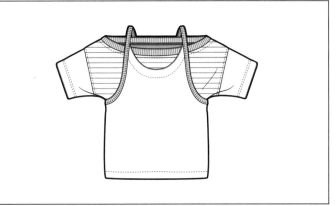

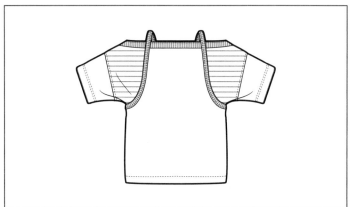

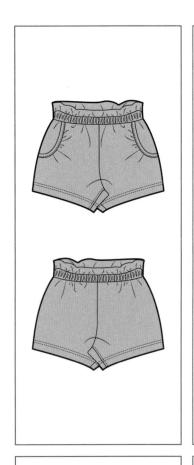

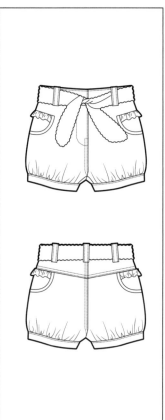

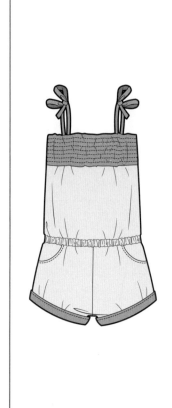

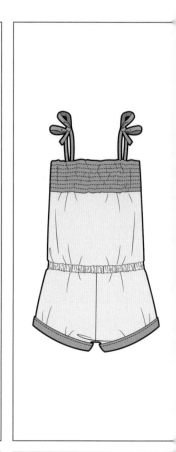

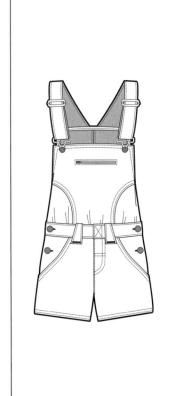

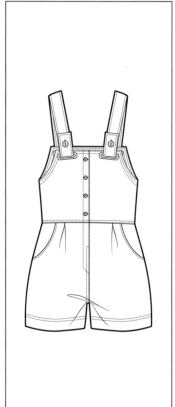

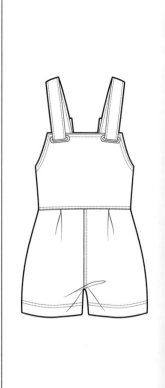

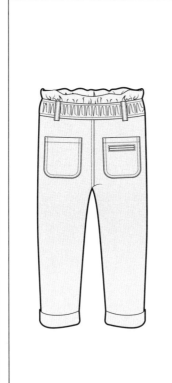

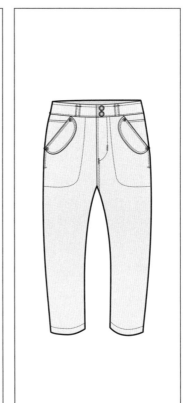

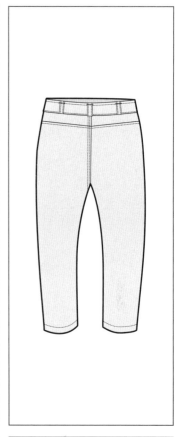

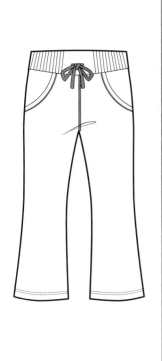

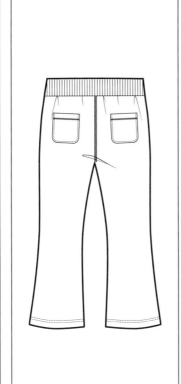

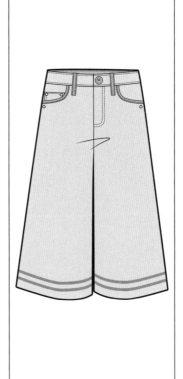

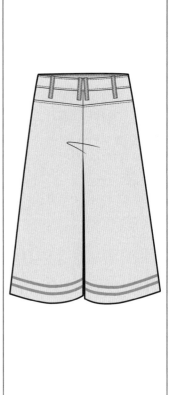

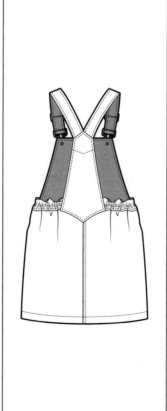

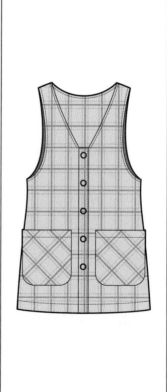

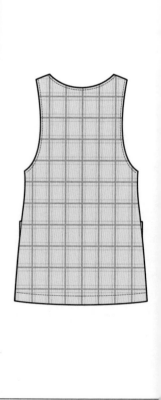

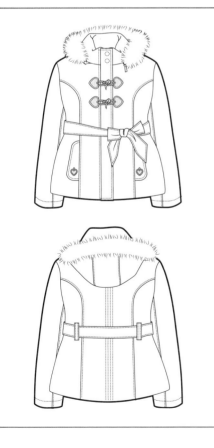

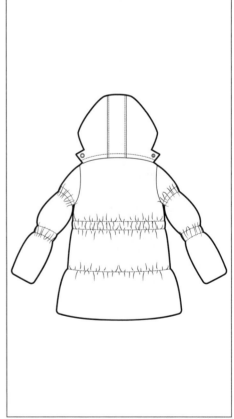

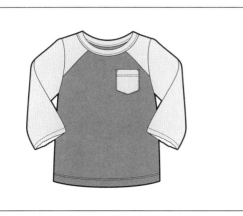

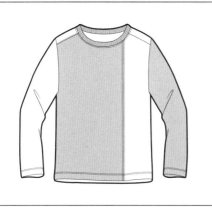

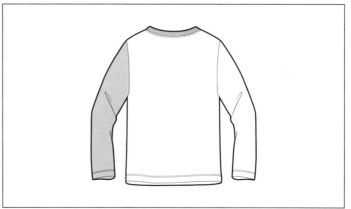

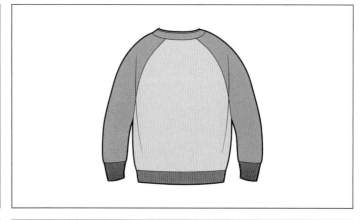

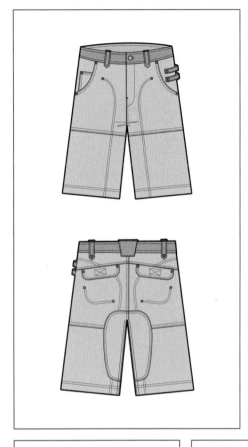

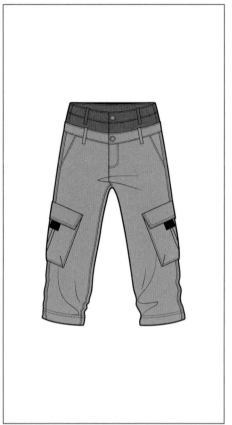

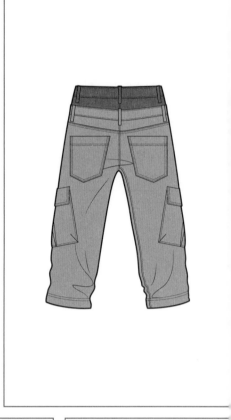

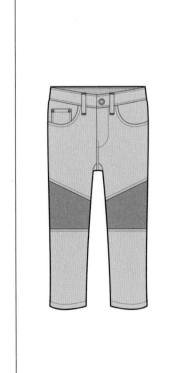

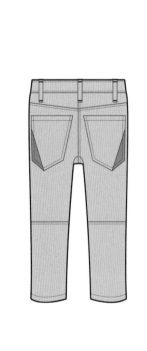

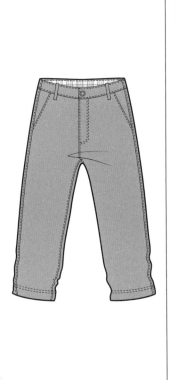
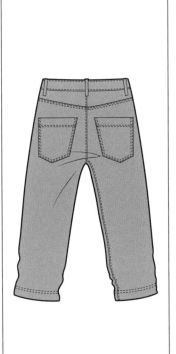
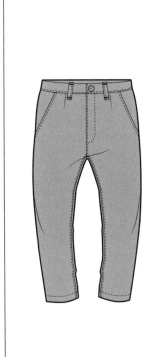
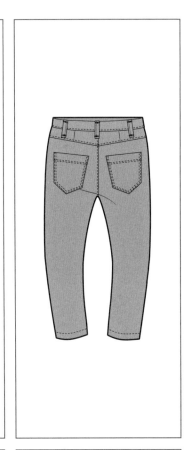
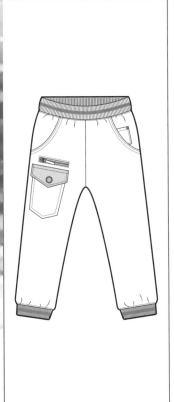
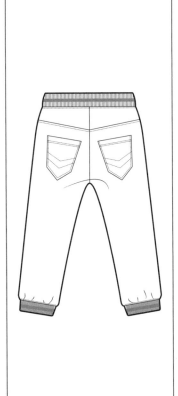
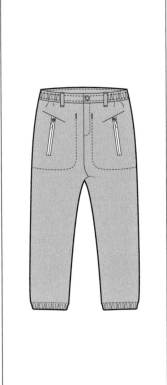
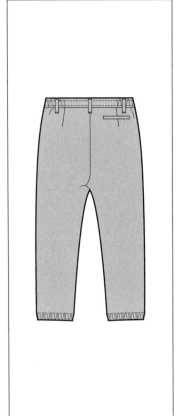

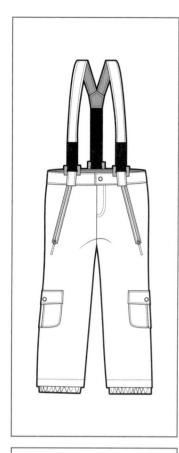

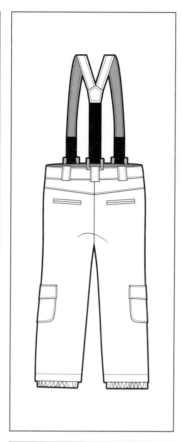

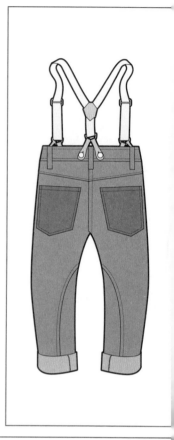

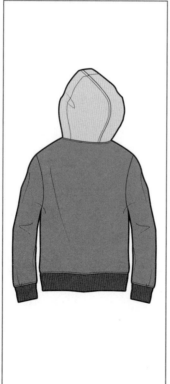

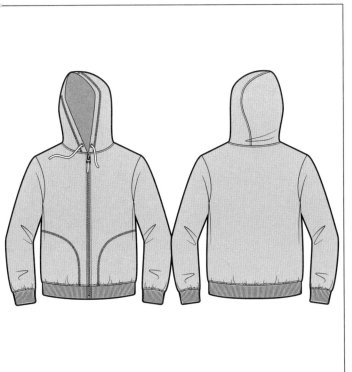

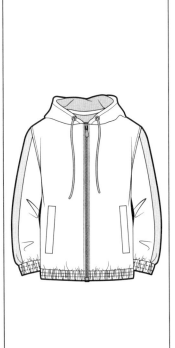

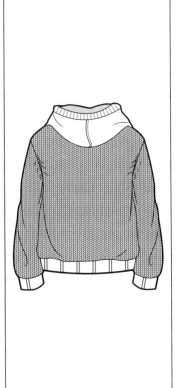

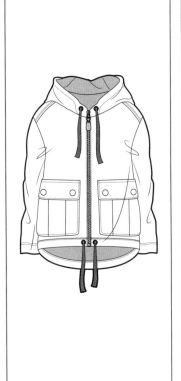

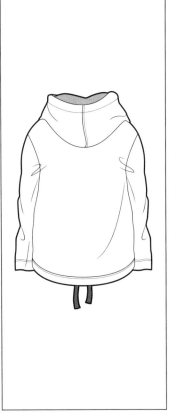

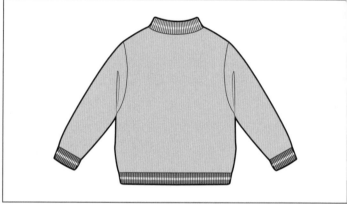
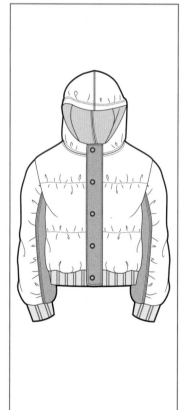
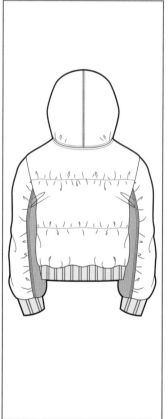

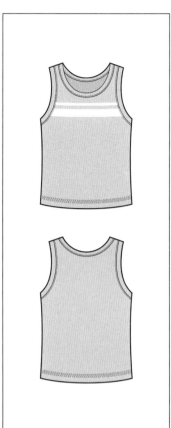

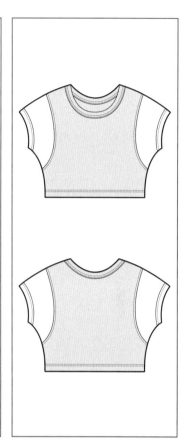

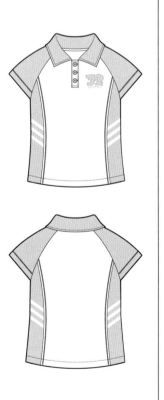

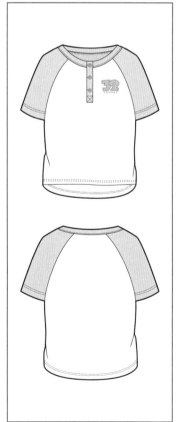

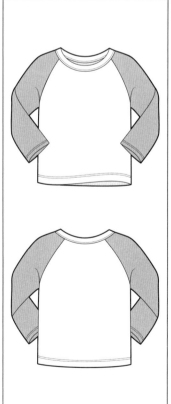

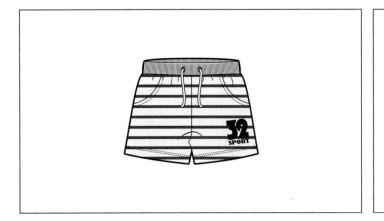

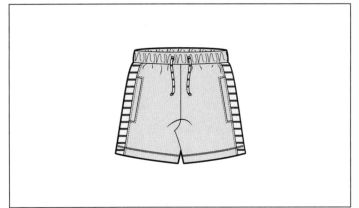

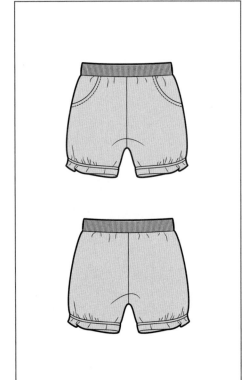

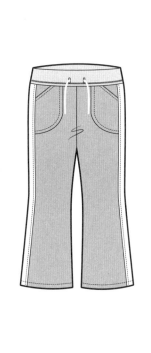

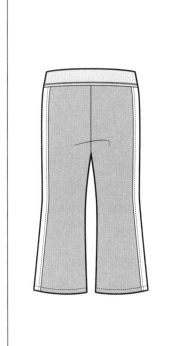

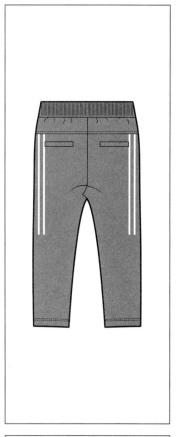

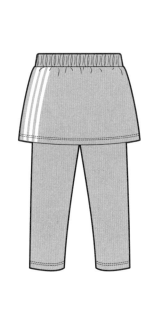

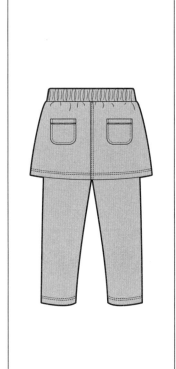

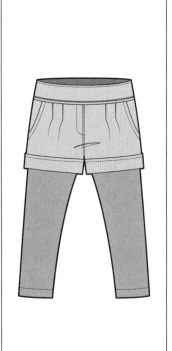

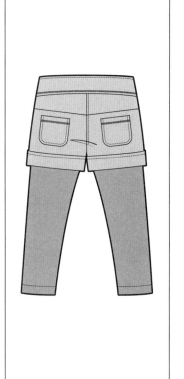

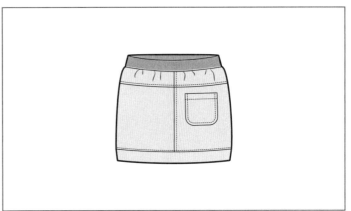

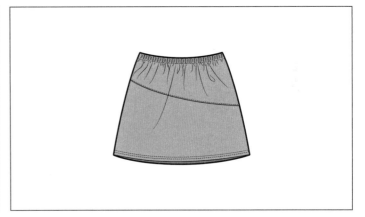

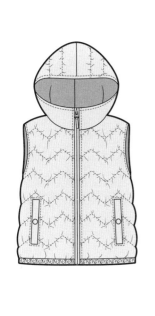

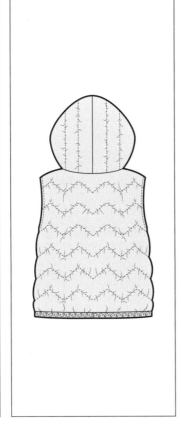

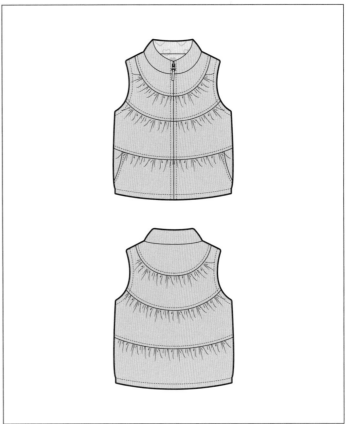

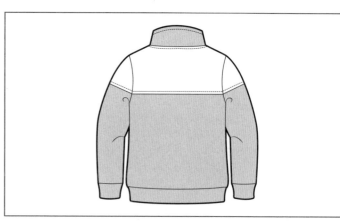
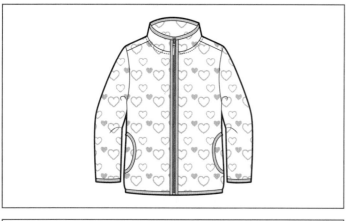

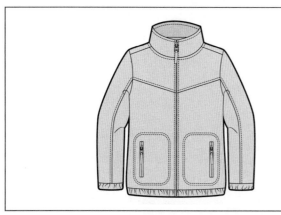
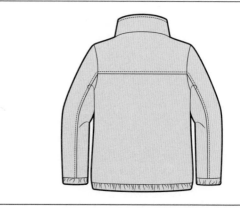

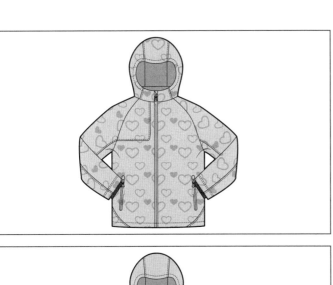

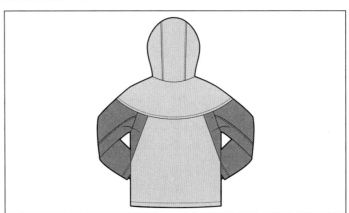
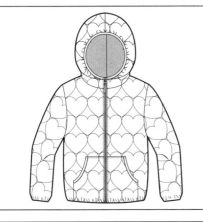
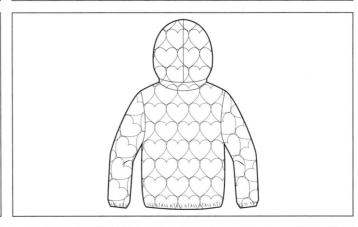
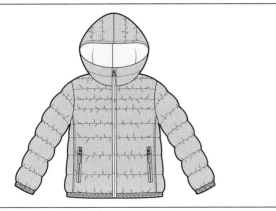
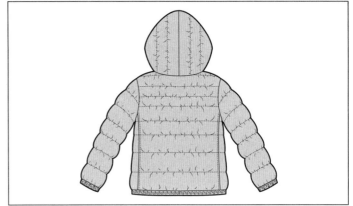

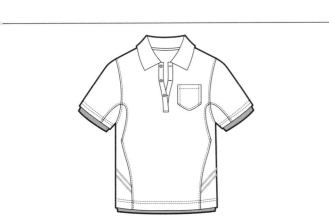

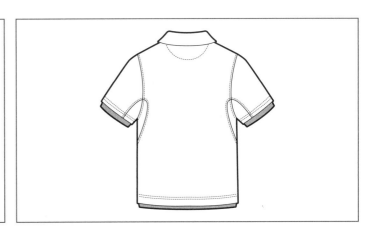

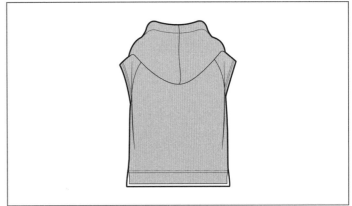

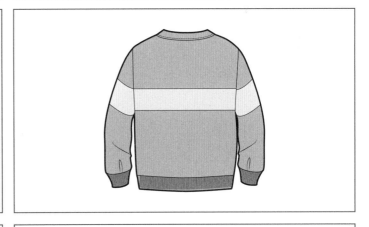

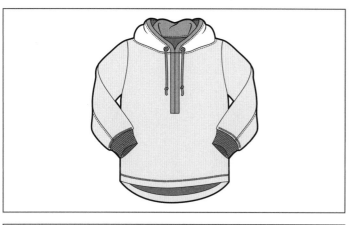

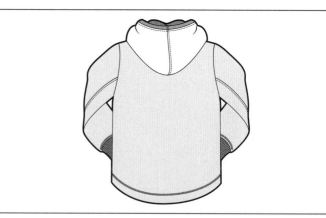

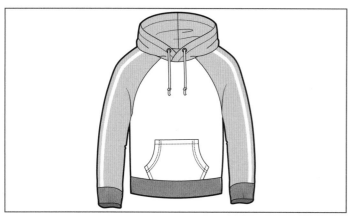

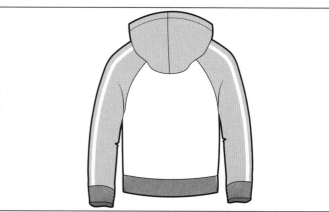

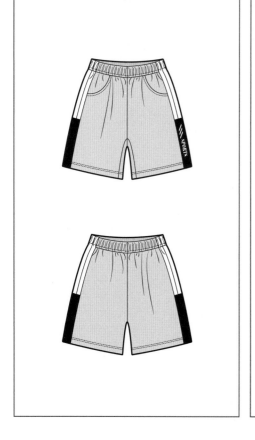

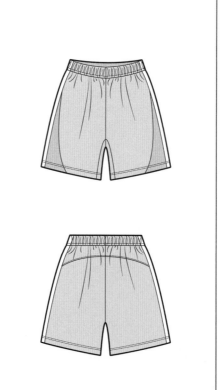

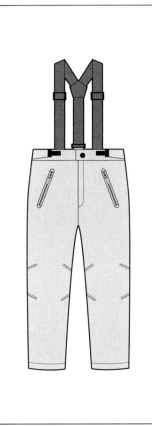
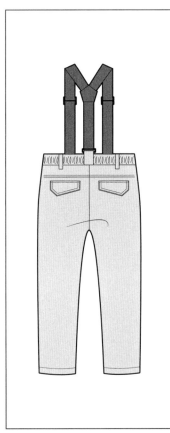

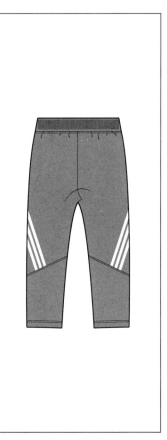

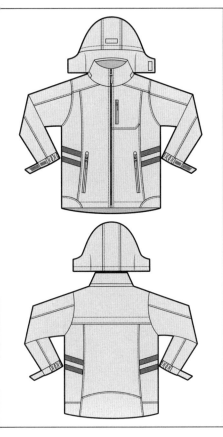
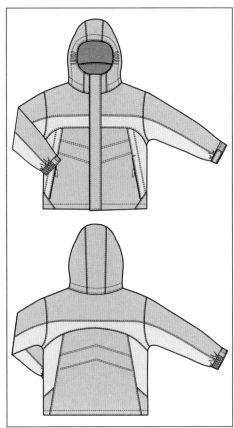
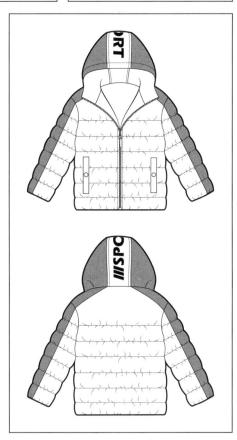

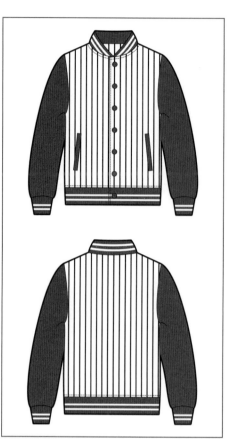

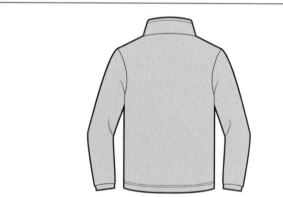

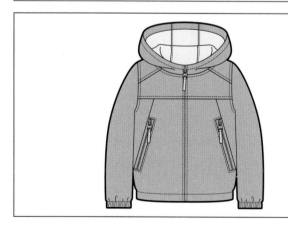

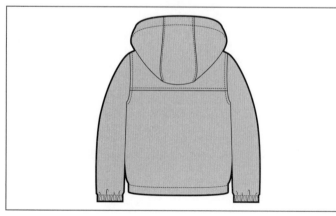

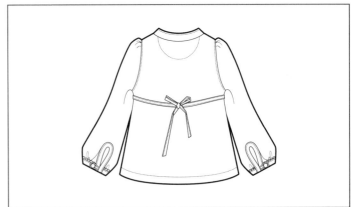

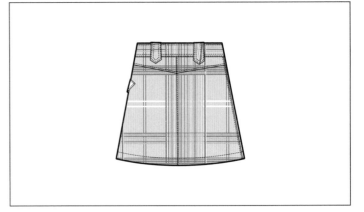

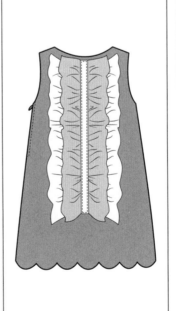

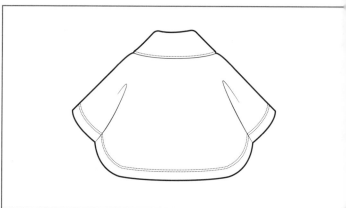

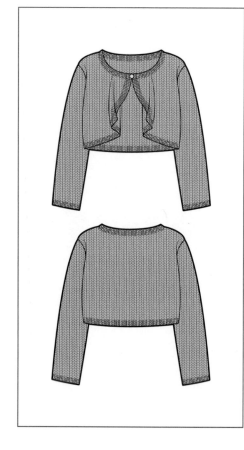

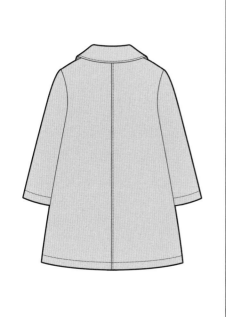

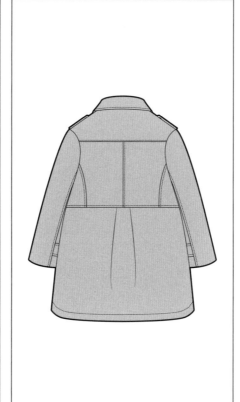

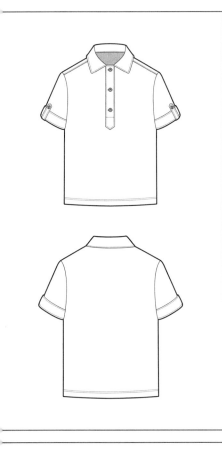

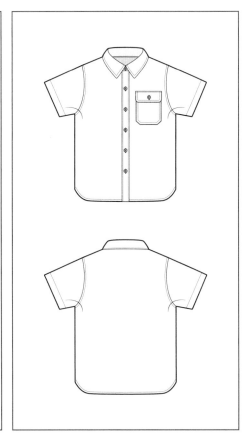

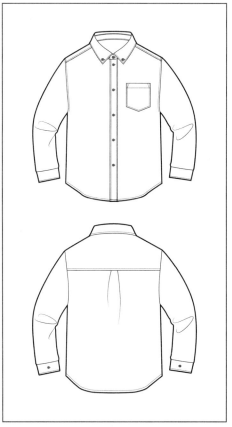

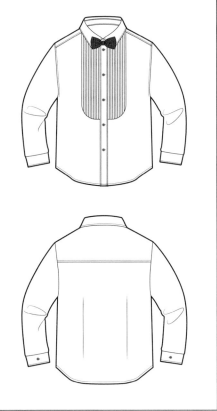

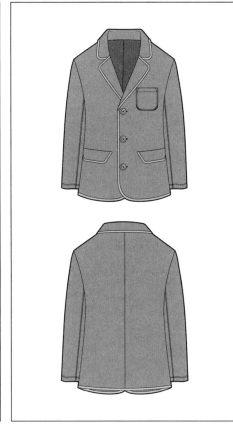

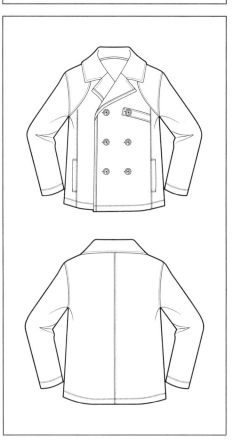

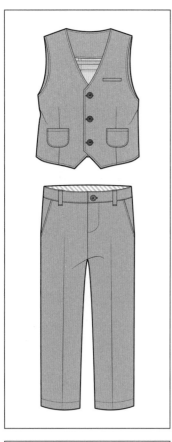

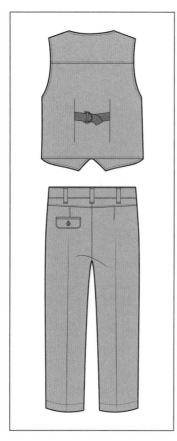

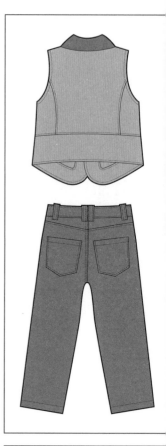

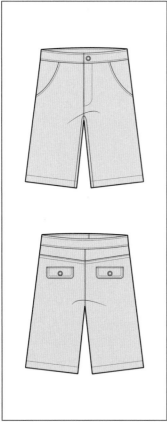

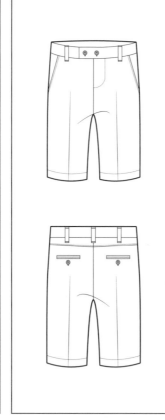

CHAPTER 5

少年期童装（13~16岁）

- 休闲风格/女童
- 休闲风格/男童
- 运动风格/女童
- 运动风格/男童
- 正装风格/女童
- 正装风格/男童

少年期童装，指13~16岁少年的服装。这个时期的青少年开始进入青春期，生理上出现明显变化，如性别差异。青少年在这个阶段身高迅速增长，体型已逐渐发育完善，尤其上高中以后，孩子的体型已经接近成年人并具备独立思考的能力。此阶段的孩子对服装有选择意识，易受到个人主观审美、他人意识以及流行风尚的影响。服装款式主要以T恤、裤装、裙装、外套为主。

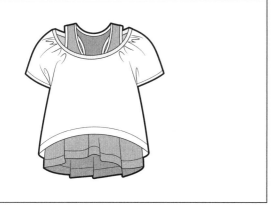

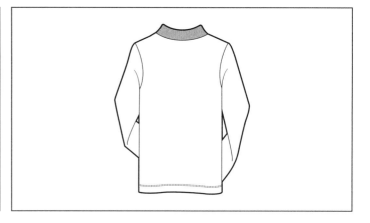

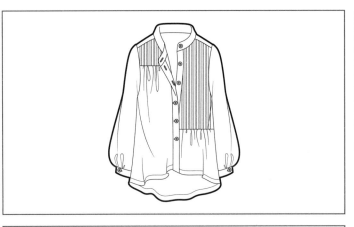
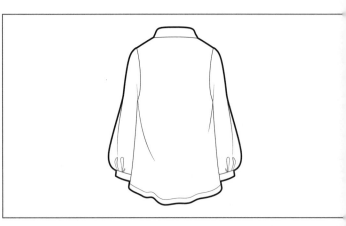
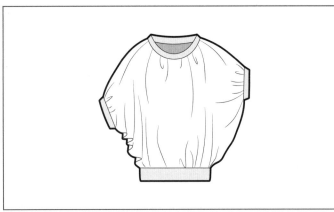
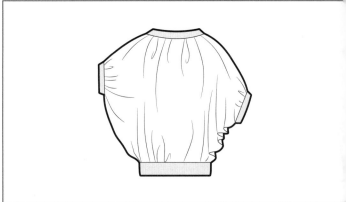

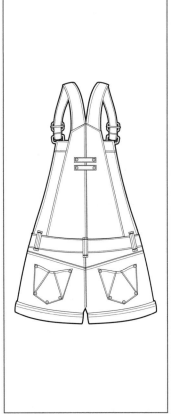
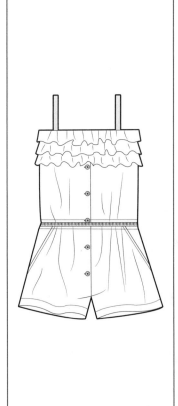

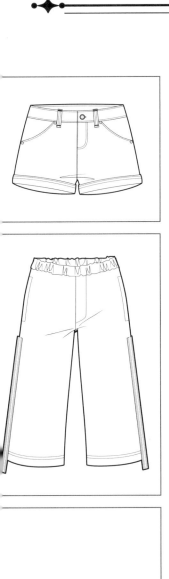
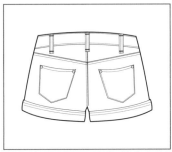

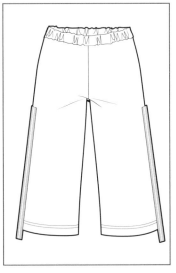
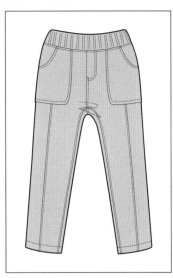
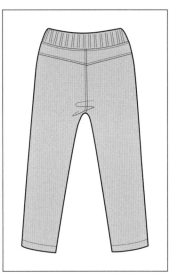
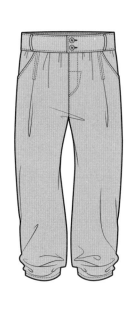
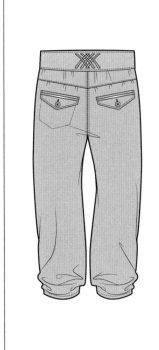
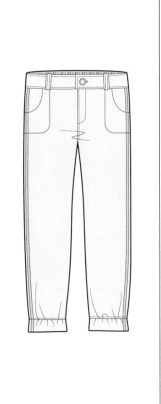
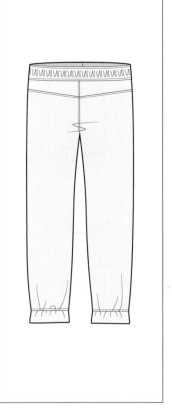

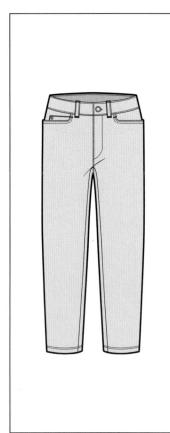
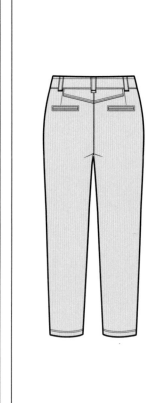
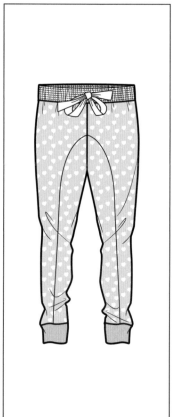
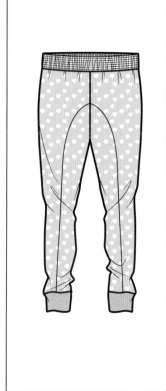

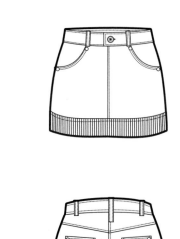
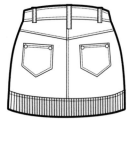
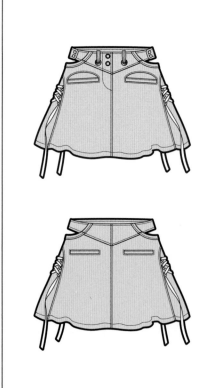

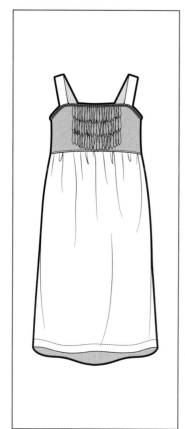
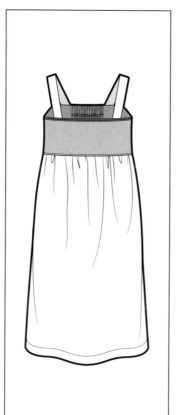

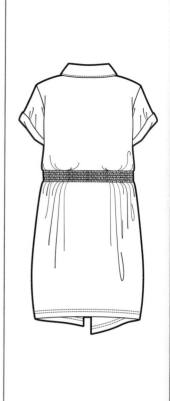

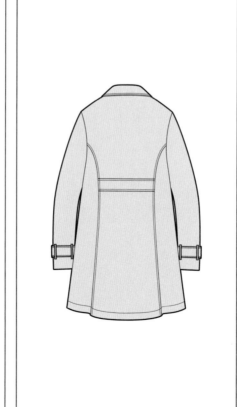

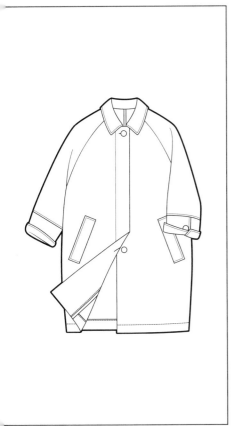

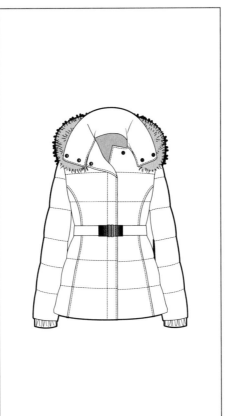

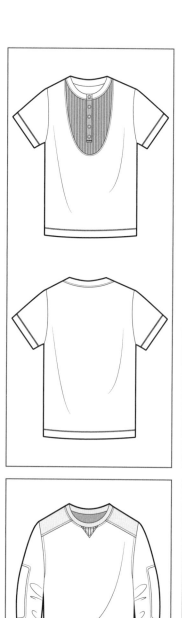

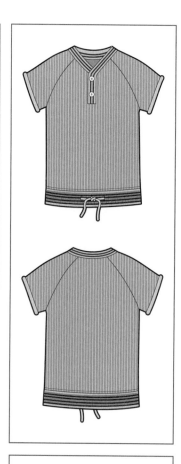

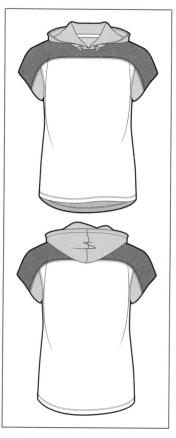

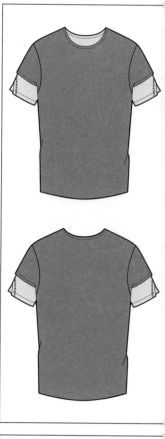

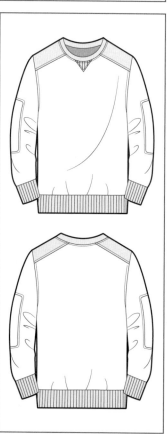

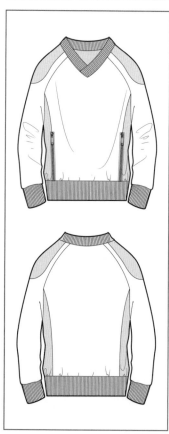

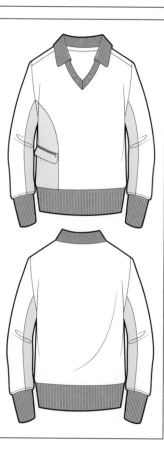

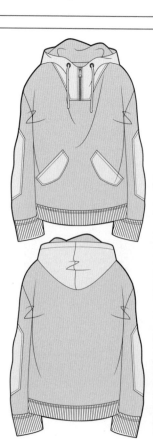

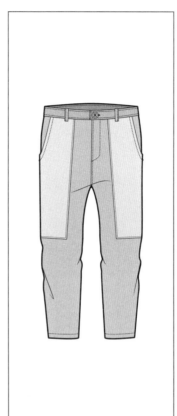

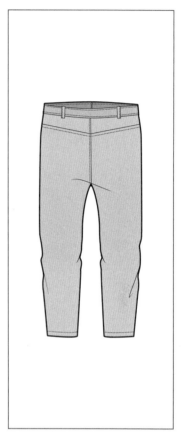

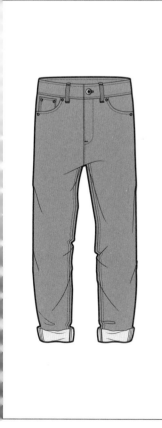

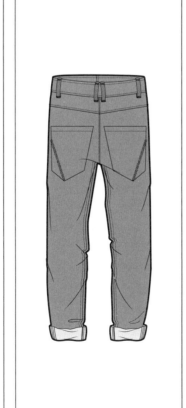

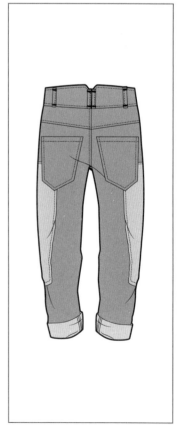

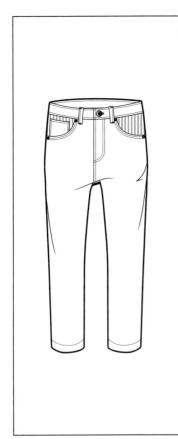
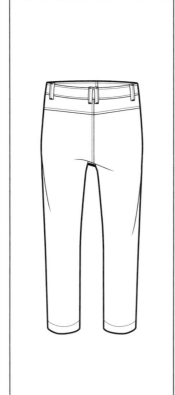
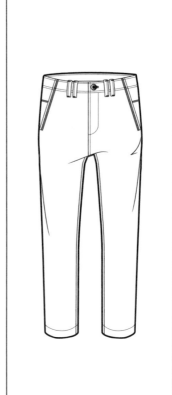
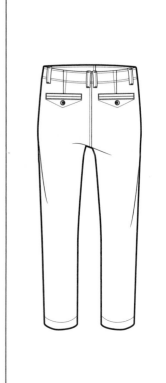
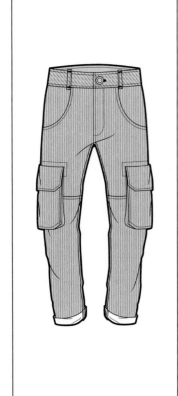
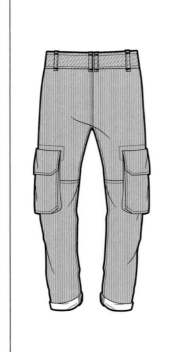
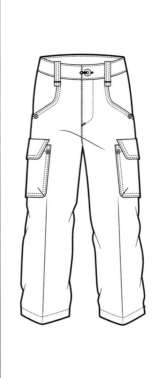
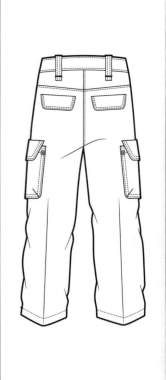

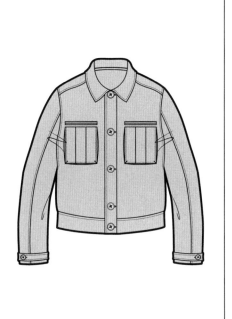

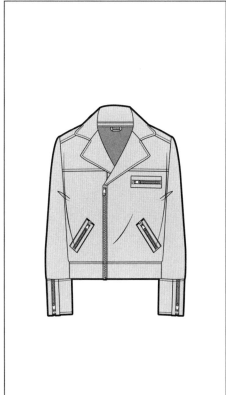

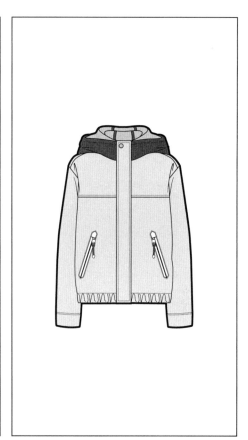

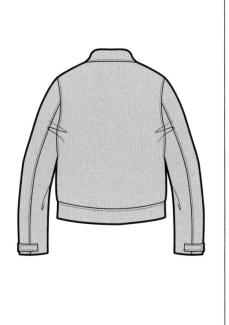

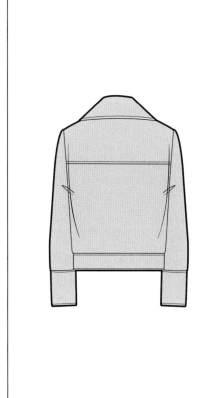

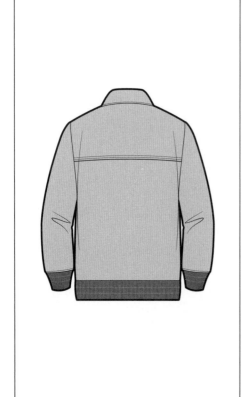

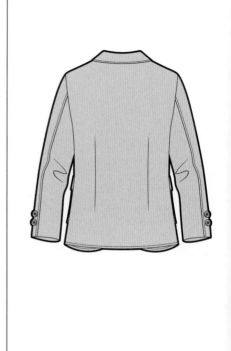

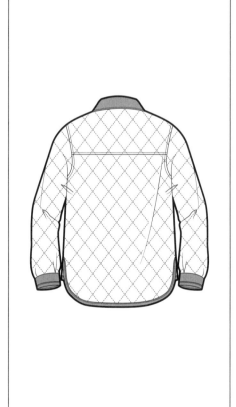

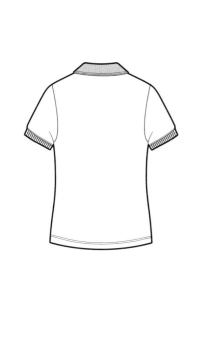

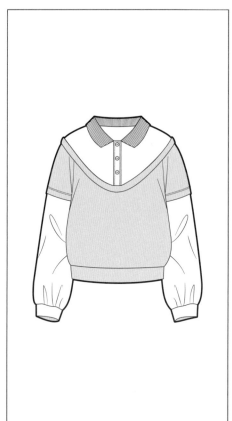

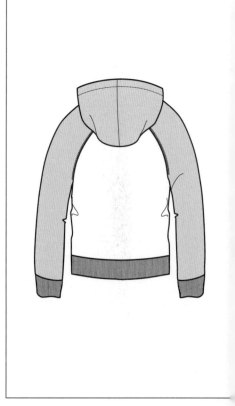

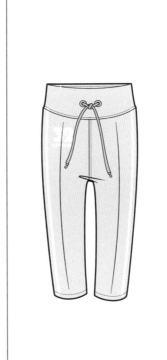
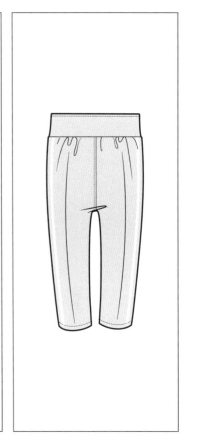
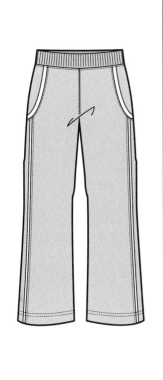
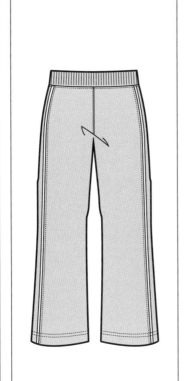

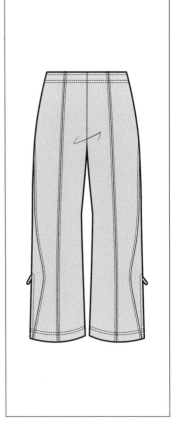

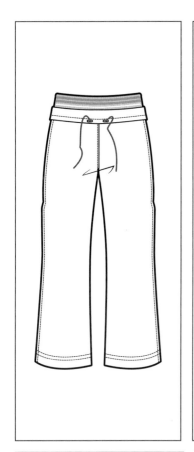
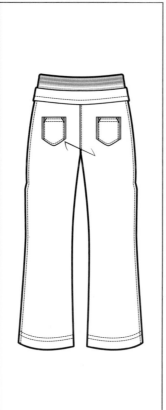
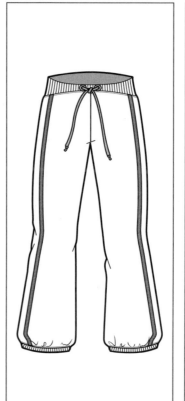
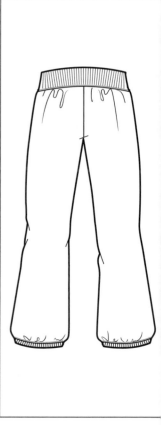
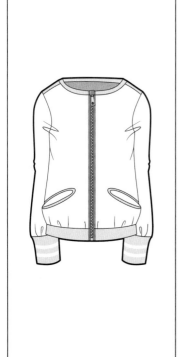
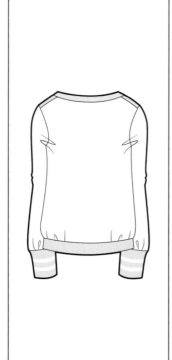
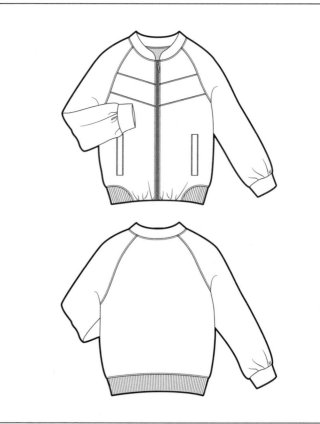

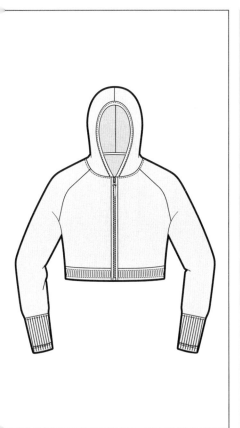

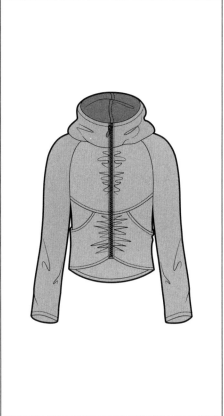

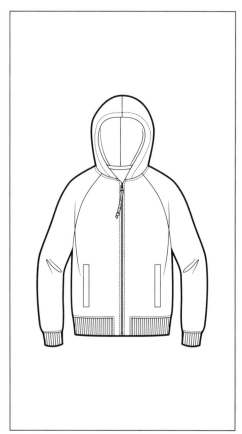

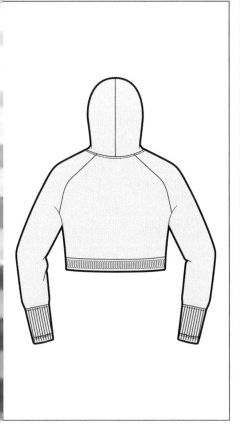

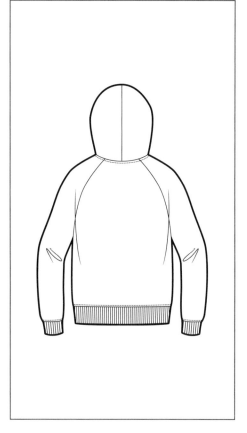

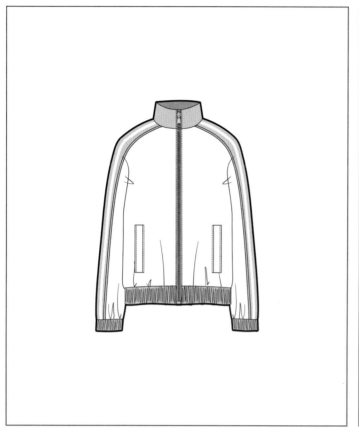

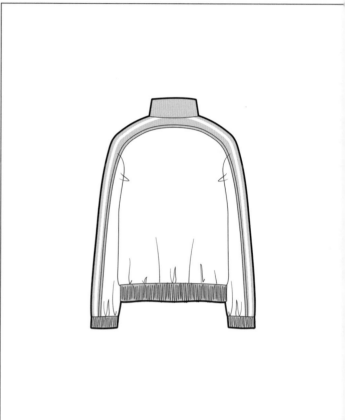

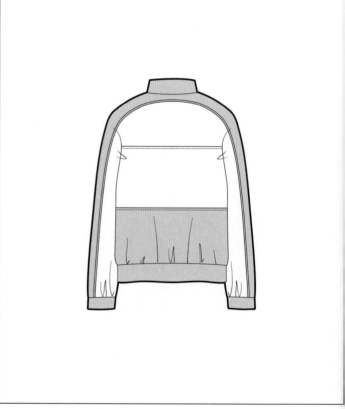

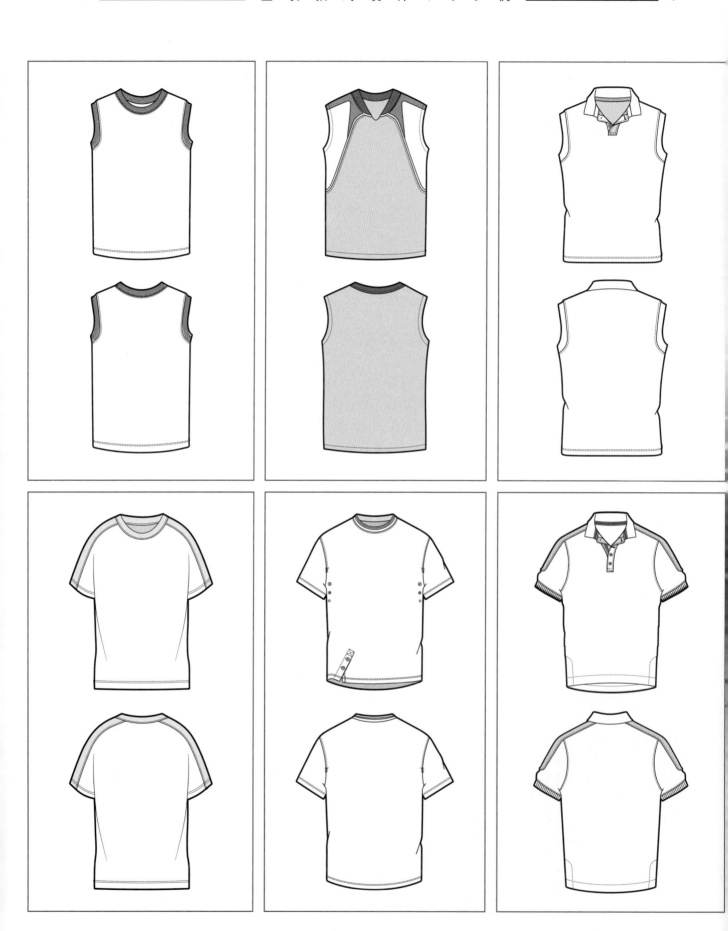

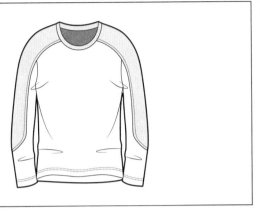

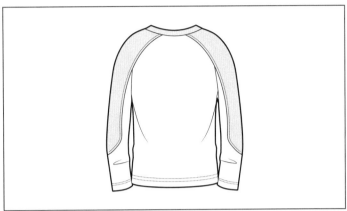

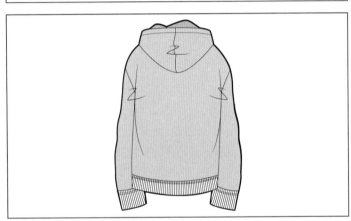

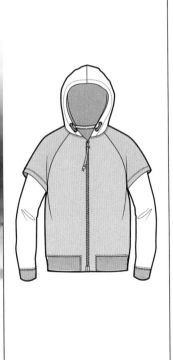

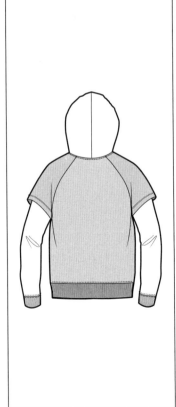

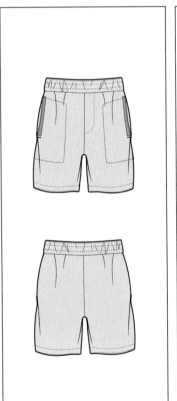

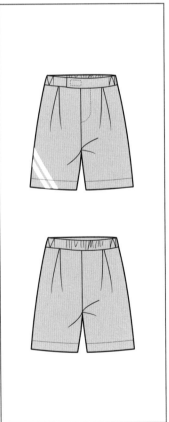

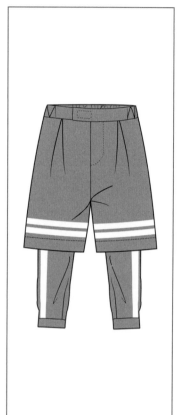
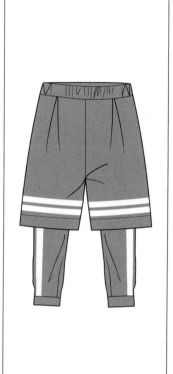
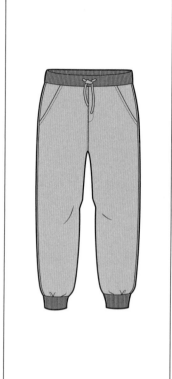
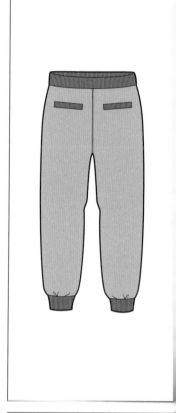
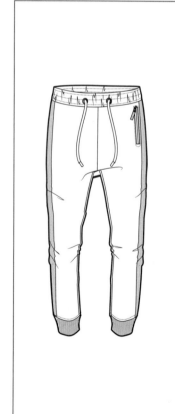
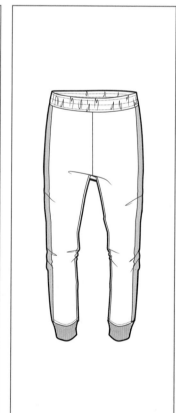
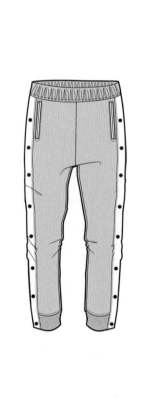
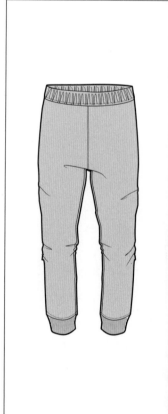

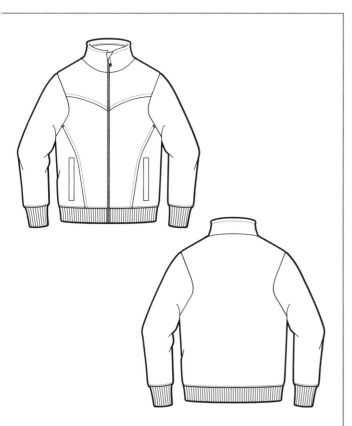

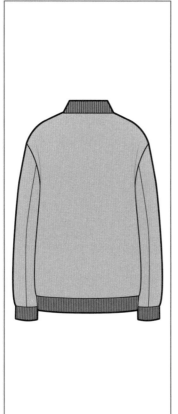

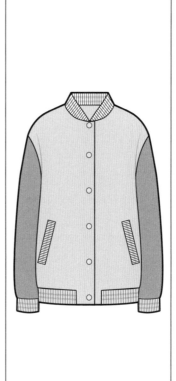

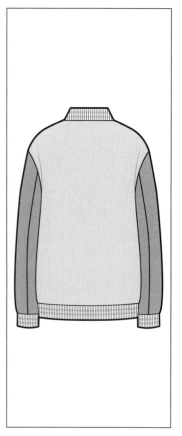

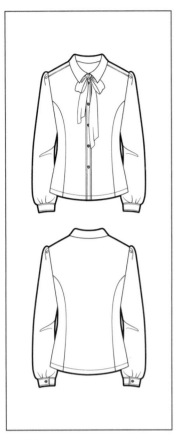
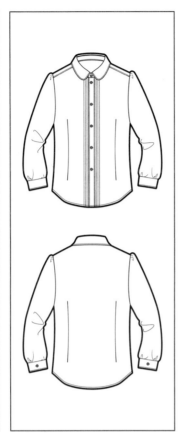

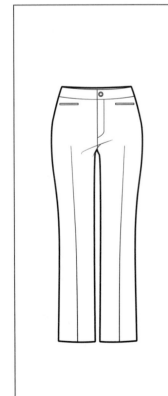
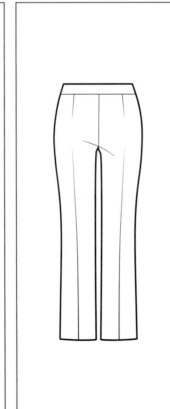
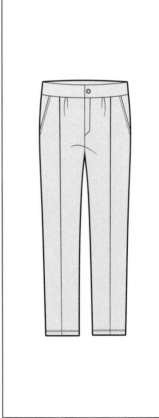
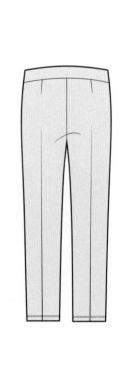

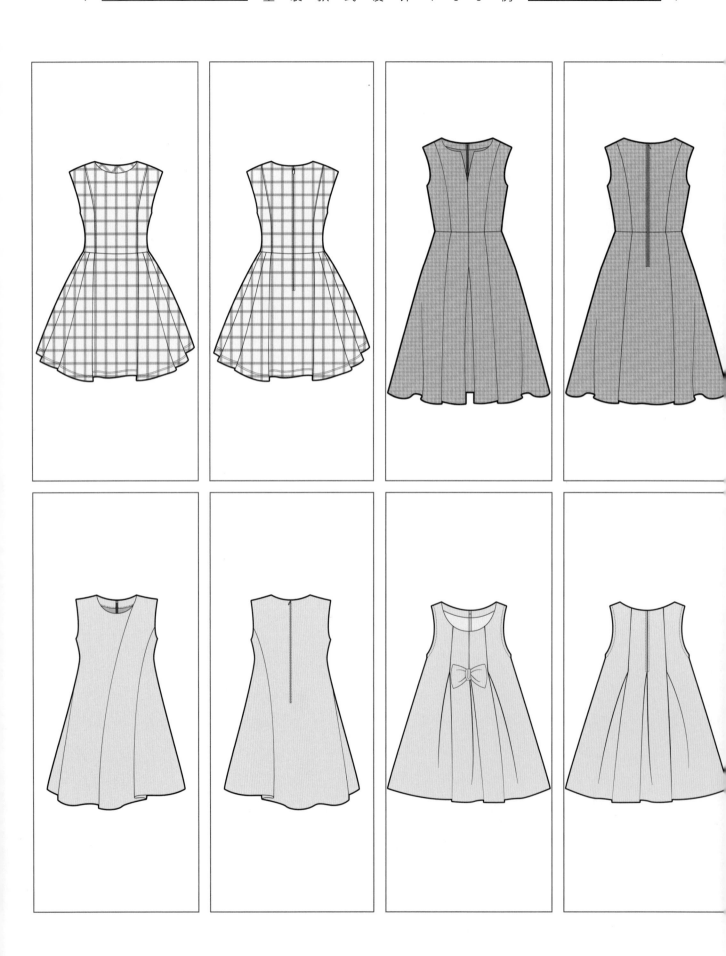

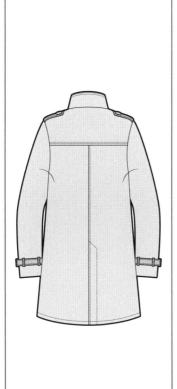

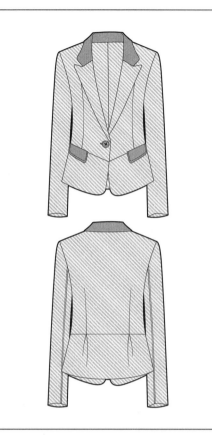

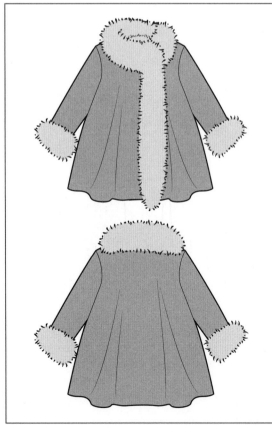

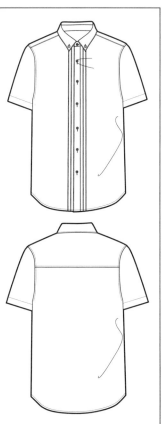

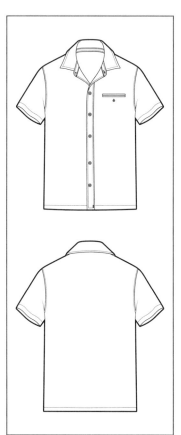

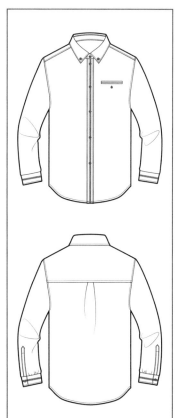

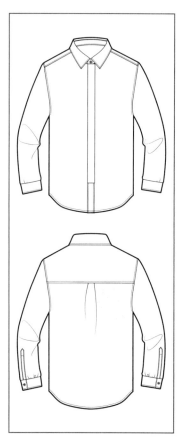

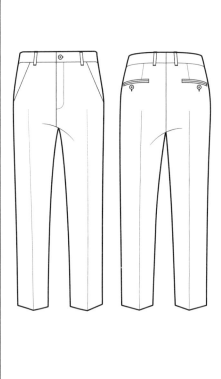

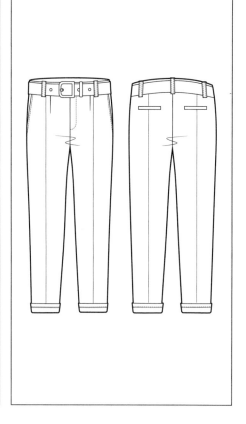

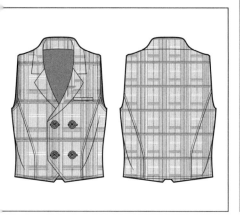